A. SCHOLPP
T.I.R.
S-HN 1034

Verlag Podszun-Motorbücher GmbH
Elisabethstraße 23-25, D-59929 Brilon
Internet: www.podszun-verlag.de
Email: info@verlag-podszun.de

Herstellung Druckhaus Cramer, Greven

ISBN 978-3-86133-571-9

Jahrbuch 2011 Schwertransporte und Autokrane

PODSZUN

Liebe Leserin, lieber Leser!

Dies ist die siebte Ausgabe des Jahrbuchs Schwertransporte und Autokrane. Wir freuen uns, Ihnen wieder interessante Themen rund um Ihr Hobby anbieten zu können. Dank gilt an dieser Stelle allen Autoren und Bildgebern, die in den letzten Wochen und Monaten mit Engagement und einer Menge Zeitaufwand gearbeitet haben, damit dieses Jahrbuch rechtzeitig zur Frankfurter Buchmesse erscheinen kann. Übrigens: Abbildungen, die nicht namentlich gekennzeichnet sind, wurden jeweils von den Verfassern der Artikel zur Verfügung gestellt.

Dank gilt auch Ihnen, liebe Leserin, lieber Leser, für die Zuschriften oder Telefonate, in denen Sie Kritik äußerten und Anregungen lieferten. Wir freuen uns auf den Kontakt mit Ihnen und sind gerne bereit, Ihre Wünsche zu berücksichtigen.

Viel Vergnügen mit dem Jahrbuch und nicht vergessen: das nächste Jahrbuch Schwertransporte & Autokrane, die Ausgabe 2012, ist ab Oktober 2011 erhältlich.

Ihr Redaktionsteam „Jahrbuch Schwertransporte und Autokrane"

P.S.

Sie können das Jahrbuch in Buchhandlungen oder direkt beim Verlag abonnieren.
Von den Ausgaben 2005, 2006, 2007, 2008, 2009 und 2010 sind noch einige Restexemplare lieferbar.
Fordern Sie kostenlos und völlig unverbindlich unser Gesamtverzeichnis an
mit Büchern über Schwertransporte, Baumaschinen, Lastwagen, Autos, Motorräder,
Traktoren, Lokomotiven und Feuerwehrfahrzeuge:

Verlag Podszun-Motorbücher GmbH
Elisabethstraße 23-25, D-59929 Brilon, Telefon 02961/53213, Fax 02961/9639900
Email: info@verlag-podszun.de, Internet: www.podszun-verlag.de

Aller Anfang war schwer

Viktor Baumann Schwertransporte Bonn

von Heinz-Herbert Cohrs

Der Weg bis zur heutigen Standardisierung und Perfektionierung großer Schwertransporte war lang und beschwerlich, beschwerlich im wahrsten Sinne des Wortes. Auch früher wurde über spektakuläre Transporte zumeist nur positiv berichtet, gerne eingerahmt von Superlativen oder zumindest Zahlen und Fakten, die Erstaunen hervorriefen. Die großen Mühen, Hürden und Probleme, die Schwertransporte noch vor einigen Jahrzehnten bereiteten, lassen sich daher nicht ohne weiteres nachvollziehen und kaum noch erahnen.

Besonderes Lob gebührt bei Betrachtung alter, längst vergessener Projekte dem Transport- und Begleitpersonal, den Fahrern, Planern und Technikern, die trotz aller Schwierigkeiten unverdrossen neue Transportaufgaben in Angriff nahmen und ungeachtet aller technischen Probleme die Fracht stets sicher und zuverlässig zum Bestimmungsort brachten. „Hut ab" vor den Pionieren der Schwertransporte!

Seltsam, was manchmal aus dem Staub der Archive zutage tritt. Etliche Bilder erzählen von Transporten des Unternehmens Viktor Baumann Schwertransporte aus Bonn, das bekanntermaßen Geschichte schrieb und zu den großen Namen der Branche zählt. Doch aller Anfang war schwer: Die Bilder zeigen Situationen, die in der positiv ausgerichteten Berichterstattung normalerweise nicht auftauchten, Bilder, die von mancherlei problematischen Situationen, von erheblichen Verzögerungen und von technischen Hürden erzählen.

Was die Bilder nicht unmittelbar erzählen, lässt sich nur erahnen, nämlich der ständig geforderte Improvisationsgeist und die Motivation des Transportpersonals, jede neue Situation zu meistern und die Fracht, in diesem Fall außergewöhnlich lange Kolonnen für die chemische Industrie, baldmöglichst zum Bestimmungsort zu bringen.

Ja, da lohnt sich das Hinterherlaufen! – Der Junge links im Bild rennt, so schnell er kann, denn ein nicht gerade alltäglicher Spezialtransport der legendären Bonner Firma Viktor Baumann Schwertransporte rollt im überraschend flotten Tempo vorbei. Der vorwegfahrende Polizeiwagen ist kaum noch zu sehen, die Faun-Zugmaschine auch schneller als vermutet. Da geht einem leider bald die Puste aus …

Eine enge Kurve rückt näher, und ziemlich skeptisch mustert der Transportbegleiter den Kurvenverlauf – in dem der Transport nun vorerst Halt gemacht hat. Abwarten, hoffen, zuversichtlich sein – es wird schon weitergehen, gleich, bestimmt aber bald

Und dann sollte noch an gewisse Eigenheiten der damaligen Zeit, in diesem Fall der siebziger Jahre, erinnert werden. Digitalfotografie war ein Fremdwort, war bis auf Wissenschaft und Weltraumforschung kaum bekannt. Fotografiert wurde mit Negativfilmen, die zumeist 12, 24 oder 36 Bilder aufnehmen konnten. Ein Filmwechsel war, zumindest bei einer Rollfilmkamera, aufwendig und wurde im hellen Tageslicht nur abgeschirmt durchgeführt. Deshalb wurde „sparsam fotografiert", es wurde nicht beliebig oft auf den Auslöser gedrückt.

Mit anderen Worten: Viele Situationen, die für uns heute sehr interessant wären, wurden leider nicht festgehalten. Vielleicht wechselte der Fotograf gerade den Film, vielleicht waren schon einige Filme belichtet und der Filmvorrat nur begrenzt, womöglich wurde der Moment auch als nicht so wichtig betrachtet. Aus diesen Gründen vermissen wir leider einige erläuternde Bilder bei bestimmten Bergungen oder beim Heben und Umsetzen der Last. Sollten diese Bilder irgendwo bekannt sein, wäre der Verfasser für einen Hinweis dankbar.

So, nun lassen wir die Bilder für sich sprechen. Gezeigt werden mindestens drei oder vier verschiedene Schwertransporte der überlangen Kolonnen. Nochmals soll betont werden, dass weitergehende Informationen oder zusätzliche Bilder nicht vorhanden sind und auf das Entdecken im Staub der Geschichte harren …

Das ist „cool"! „Cool" vom Jungen ganz links, der sich samt Fahrrad instinktiv schon mal zur richtigen Seite vom Schwertransport fortlehnt, und „cool" von der Begleitmannschaft, die den Jungen an solch einer exponierten Stelle unbesorgt zuschauen lässt

Und schon muss eine weitere, deutlich engere Kurve in Angriff genommen werden. Der Kolonnentransport muss sich auf dem schmalen Straßenverlauf zwischen zwei Häusern und Baumbestand „um die Ecke" zwängen, wobei besonders das im Hintergrund befindliche Haus der auskragenden Last etwas im Wege steht…

Gefährlich weit ragt die Ladung in der engen Kurve über den Plattformwagen hinaus und zentimeterdicht geht's im Schneckentempo an der Hauswand vorbei. Es lohnt sich, auf das Schild „Becker" an der Hausfassade zu achten (gleich links neben der Kolonne)…

Vorsichtig, Zentimeter um Zentimeter, schiebt sich der ungewöhnlich lange Schwertransport um die rechtwinklige 90-Grad-Kurve. Es scheint kaum durchführbar, die 46 m lange Kolonne durch den dermaßen knappen Kurvenverlauf zu manövrieren

Einfach ist's tatsächlich nicht, denn weit und immer weiter ragt die Kolonnenmitte in die Büsche und schrabt durch das unübersichtliche Gelände im Kurveninneren. Da galt es, schnell noch mancherlei Hindernisse wie alte Zaunpfähle zu demontieren

Von der Seite betrachtet wirkt die Straßenkurve eigentlich gar nicht so eng – aber die Kolonne auch nicht gerade kurz. Nun aber sieht es so aus, dass der Schwertransport dieses Hindernis überwunden hat und langsam wieder an Fahrt gewinnen kann

Auch der weit vorragende „Bug" der Kolonne hat das Haus passiert – doch was entdecken wir da? Wir erinnern uns an das Schild „Becker" an der Hauswand; nun hängt's jedoch ziemlich lädiert herab. Sollte da etwa der Schwertransport der Schuldige sein und doch etwas zu dicht am Haus vorbei geschrabt sein?

Der Transport der 46 m langen Kolonne war keinesfalls der einzige, den Viktor Baumann Schwertransporte durchführte, so dass das Herausrangieren der überlangen Lasten beim Hersteller Leffer sich allmählich zur Routine entwickelte

Dennoch war das „Herausfädeln" so langer Lasten aus der Werkshalle nicht gerade einfach, denn der Betriebshof war nicht endlos und auf der linken Seite allzubald begrenzt. Deshalb musste der Fahrer der Faun-Zugmaschine die Kolonne so geradlinig wie möglich bewegen und dann scharf in Richtung des Fotografen ziehen…

…was aber leider nicht ausreichte, um die Kolonne vom Leffer-Betriebshof zu bugsieren. Vielmehr musste die Faun-Zugmaschine mehrmals vor- und zurückrangieren, um die Kolonne in einen Winkel zu bringen, der in der Verlängerung auf die Werksausfahrt zeigte

Die Freiheit winkt! – Die Werksausfahrt ist erreicht, bald wird der Transport abfahren. Wegen der späteren Fahrtrichtung rangiert der Transport rückwärts vom Betriebshof. Da der recht klein erscheinende hintere Plattformanhänger am Heck keine Deichsel besaß, kuppelte die Faun-Zugmaschine vorne an und rangierte ebenfalls rückwärts

Nun muss nur noch der vordere Plattformwagen den Betriebshof verlassen, dann kann die Straßenfahrt endlich beginnen. Links am Werkszaun steht schon das Begleitfahrzeug bereit. Wieder mal kann ein Kolonnen-Schwertransport seine beschwerliche Reise antreten

Oh je, was ist hier passiert? – Trotz aller Routine birgt jeder Schwertransport neue Hürden und Probleme, aber das hier sieht wahrlich übel aus. Die Kolonne ist seitlich abgestürzt, sogar von der Straße die kleine Böschung herab in Buschwerk und Bäume

Die Halbachsen des vorderen Plattformanhängers auf vier Achslinien sind aufgrund einer zu starken seitlichen Schwerpunktverlagerung der Kolonne so erheblich eingeknickt, dass die Last sich zu weit seitlich neigte und vom hinteren Anhänger abrutschte

Diese Sicht bot sich dem Fahrer, der nach dem Krachen und Rumpeln und dem gewaltigen Ruck sofort ausstieg. Was durch das Rückfenster der Faun-Zugmaschine schon schlimm genug aussah, erwies sich nun als noch weitaus unangehmener. Glück im Unglück: Niemand war verletzt!

Ein sorgfältigerer Blick zeigte, welchen erheblichen Belastungen der vordere Plattformanhänger nun ausgesetzt war, denn der übrig gebliebene Rest der Traglast drückte auf nur noch vier Halbachsen und wenige Räder. Immerhin war wenigstens noch eine Fahrspur für den Verkehr frei

Leider existieren wohl keine Aufnahmen von der eigentlichen Bergung der Kolonne – hier ist das bereits geschehen. Ein schwerer, vierachsiger Grove-Kran, damals noch aus amerikanischer Produktion, rückte an, wuchtete die Kolonne wieder auf die Straße und verhalf dem Schwertransport zur Weiterfahrt

Nach sorgfältiger Inspektion konnte der vordere Plattformanhänger weiter verwendet werden, denn die vier Halbachsen und 32 Räder waren erfreulicherweise unbeschädigt. Am anderen Ende der Kolonne vermissen wir einen fahrbaren Untersatz, steht dort anstelle des beschädigten Anhängers doch nur der Grove-Teleskopkran…

...doch war gerade der Kran in der Lage, dem Kolonnentransport auf die Sprünge zu helfen. Die Kolonne wurde mittels einer am Oberwagenheck befindlichen Seilwinde so weit angehoben, dass sie über dem Boden schwebte, und schon konnte vorsichtig Fahrt aufgenommen werden. (Die Winde am Kranheck wird bald auf einem anderen Bild zu erkennen sein.)

Etwas seltsam mutete es an, einen Schwertransport zu sehen, der hinten – wie so oft – von einer Zugmaschine Schubhilfe erhielt, dessen Last vorne aber „irgendwie schwebte“ (weil am Grove-Kran hängend). Nun bewegte sich der Transport aber in die entgegengesetzte Richtung, um die Last an geeigneter Stelle vernünftig umladen zu können

Erneut macht sich eine Kolonne auf den Weg, nur möglich durch das Know-How und die spezialisierte Transporttechnik von Viktor Baumann. Die hydraulische Lenkung des jetzt vorderen, später aber hinteren Plattformanhängers wurde damals bereits von einem Mitarbeiter über eine Kabelfernsteuerung bedient

Nun wurde schon eine Faun-Zugmaschine vor den Transport gekuppelt und zieht fleißig mit. In wenigen Minuten, nach dem Verlassen des Leffer-Geländes, wird sie am Heck des Schwertransportes sein und bei Bedarf tatkräftige Schubunterstützung leisten

Wieder muss die bekannte Kurve durchfahren werden – wir kennen sie bereits durch den schnell hinterherlaufenden Jungen beim ersten Transport. Nun sind an gleicher Stelle ein VW-Käfer und dahinter ein DKW auf den Bürgersteig ausgewichen, und der vorauseilende Polizeiwagen ist schon fast nicht mehr zu sehen

Weitere, teilweise auch recht enge Kurven waren auf den zu jener Zeit oft kaum oder gar nicht ausgebauten Ortsdurchfahrten zu passieren. Was damals zwangsläufig zu Verkehrsberuhigung und gemächlichem Pkw-Tempo führte, machte den Fahrern und dem Begleitpersonal des Schwertransportes das Leben nicht gerade leicht

Auch diese Engstelle war geschafft! Am Kurvenende erscheint bereits die vertraute Motorhaube einer älteren Faun-Zugmaschine mit ihrem heulende Lärm des luftgekühlten Deutz-Motors. Vorerst gewinnt der Kolonnentransport wieder an Fahrt und wird bald sogar auf eine Autobahn rollen…

Der Fahrer des flott vorbeibrausenden Opel Kadett wundert sich, was wohl auf der gegenüberliegenden Autobahnseite geschehen sein mag!? Da es noch keine Verkehrshinweise im Radio gab, konnte er nicht wissen, dass die Autobahn wegen eines liegen gebliebenen Schwertransportes schon seit vielen Stunden voll gesperrt war

Dieses Bild bot sich dem Fahrer des Opel Kadett. Eigentlich aber wurde es wenige Minuten zuvor aufgenommen, als der Grove-Kran begann, seinen Teleskopausleger auszufahren. Alle drei Fahrspuren der gegenüberliegenden Fahrtrichtung waren vollständig gesperrt, weshalb das Transportteam unter beträchtlichem Zeitdruck stand

Noch ruht die Kolonne hinten auf dem kleinen, uns bereits bekannten Plattformanhänger. Doch technische Probleme – welcher Art, ist wohl leider nicht bekannt – zwingen zum Umladen der Last auf andere Fahrgestelle. Links steht schon ein dazu eigens herbeigeholter Scheuerle-Tieflader bereit

Aufgrund seiner geschickten Konstruktion lässt sich der Schwanenhals-Tieflader in der Mitte teilen. Auch die Hilfsräder, die nach dem Teilen anstelle der Verbindungsbolzen eingeschoben werden und zum Einrangieren der beiden Brückenhälften beziehungsweise Fahrgestelle dienen, liegen ebenfalls bereit

Die Teilung des Scheuerle-Tiefbettes steht nun kurz bevor, der Fotograf gönnte uns nur noch einen kurzen Blick in das sonst unter der Ladung verborgene „Innenleben" des damals hochmodernen Schwertransportanhängers. Auch hier liegt ein Stützrad mit einsteckbarer Halbachse bereit, um die Tiefladerhälften unter die Kolonne rollen zu können

Jetzt tritt der vierachsige Grove-Autokran in Aktion und hebt eine Seite der Kolonne so weit an, dass der kleine Plattformanhänger herausgezogen und stattdessen eine Hälfte des Schwanenhals-Tiefladers mit drei Achslinien unter die Kolonne rangiert werden kann

Die eine Hälfte des Schwanenhals-Tiefbettes von Scheuerle wurde unter die Kolonne rangiert und ist jetzt noch mit Holzbalken abgestützt. Im Hintergrund wird die andere dreiachsige Tiefbett-Hälfte gerade von einer Faun-Zugmaschine vor die Kolonne gefahren

Alles muss schnell gehen, denn die Autobahn ist schon stundenlang gesperrt: Während vorne die Kolonne vom Grove-Kran angehoben wird, um die vordere Tiefbett-Hälfte unterzuschieben, werden hinten bereits die Verspannungen zur besseren Sicherung der Ladung in Angriff genommen

Wieder ist der Schwertransport zwar keinen Meter, aber einen Schritt weiter: Die Stützbalken wurden herausgezogen, die Verspannungen verzurrt und der Grove-Kran ist vorne ebenfalls fertig, denn die andere Hälfte des Scheuerle-Tiefbettes befindet sich auch schon unter der Kolonne

Ein weiterer Kolonnentransport, nun im Winter – und erneut eine Panne aufgrund technischer Probleme, erneut etliche liegen gebliebene Fahrzeuge und eine fast blockierte Straße. Ein Polizist schaut zu, wie ein Bus auf schneeglatter Straße dicht an den Häuserfronten entlang durch den Engpass schleicht

Der große Schwanenhals-Tiefbettanhänger mit sechs Achslinien kommt uns bekannt vor, doch trägt er hier eine andere, kürzere Ladung. Erneut wurde der Schwertransport zu einem ungeplanten, unliebsamen Überraschungshalt gezwungen. Wir ahnen, die vielen Menschen am entfernteren Anhängerende deuten auf nichts Gutes hin…

Wie gelähmt ruht das Scheuerle-Tiefbett in der Winterkälte, nachdem das hintere Fahrgestell abmontiert wurde. Die drei nebeneinander stehenden Arbeiter tun genau das, was in solchen Situationen zwangsläufig getan werden muss: tatenlos warten, oft stundenlang…

Auch die hinten mitfahrende Faun-Zugmaschine steht am Straßenrand, ebenfalls zum tatenlosen Warten verdammt. Ein älteres Ehepaar (ganz links) muss vom Bürgersteig, den der Schwertransport blockiert, auf die verschneite Straße ausweichen und geht zügig an den Havaristen vorbei

Das abmontierte Tieflader-Fahrgestell steht etwa 30 m weiter hinter dem Schwertransport und schneit langsam ein – was mag nur passiert sein? Da der Verkehr wechselseitig an der Engstelle vorbeigeleitet wird, bilden sich bald kleine Autokolonnen, die auf glatter Straße vorsichtig an dem liegen gebliebenen Konvoi vorbeischleichen

Kinder spielen im Schnee, ein Polizist steht wartend und vielleicht auch frierend auf den verbleibenden Bürgersteigmetern – alles deutet auch hier auf stundenlanges Warten hin. Da das abgenommene Fahrgestell nur wenige Meter weiter steht, lässt sich schwer absehen, wie schlimm oder problematisch die Situation war

Zweifelnd und skeptisch blicken die Wartenden auf den hydraulisch heb- und senkbaren Schwanenhals – ob wir hier den Fehler suchen müssen? Wir wissen es nicht, scheint es doch weder zusätzliche Bilder noch weitergehende Erklärungen zu geben. Uns bleibt leider nichts anderes übrig, als den Schwertransport tief in der Vergangenheit im Schnee stehen zu lassen…

Ein 215 t schweres Laufrad für Brasilien

von Wolfgang Weinbach

Beginnend in den schon weit zurückliegenden Zeiten der Industrialisierung im 19. Jahrhundert entstand hierzulande bekanntlich eine Vielzahl von Maschinenbauunternehmen. Deren Produkte, die weltweit einen sehr guten Ruf genießen, werden nicht erst seit Zeiten der „Globalisierung“ auf allen fünf Kontinenten erfolgreich ver- und betrieben. Zwar hat auch die Automobilindustrie viel zum Umsatzerfolg „Made in Germany“ beigetragen, doch den lange getragenen Titel „Export-Weltmeister“ verdanken wir wohl in erster Linie dem Schwermaschinen- und Anlagenbau. Zu diesen Titelträgern gehört zweifelsohne auch die Firma Voith aus dem schwäbischen Heidenheim, die sich mit ihren weltweit beschäftigten rund 40.000 Mitarbeitern auf unterschiedlichen Gebieten einen Namen gemacht hat.

Ein gewisser Johann Matthäus Voith (1803-1874) steht für die Gründung dieses heutzutage riesigen Maschinenbauunternehmens. Angefangen hat dies allerdings im Jahre 1825 mit bescheidenen fünf Arbeitern als kleiner Handwerksbetrieb. Seinerzeit übernahm Johann Mathäus von seinem Vater Johannes die Schlosserwerkstatt und baute den Betrieb in den Folgejahren beständig aus. Als offizielles Gründungsdatum der Firma Voith wird denn auch erst der 1. Januar 1867 genannt, als die Überschreibung des Unternehmens mit seinen inzwischen 30 Mitarbeitern an den 27-jährigen Friedrich Voith (1840-1913) aus der nachfolgenden Generation vollzogen wurde.

Als Kunden für die mannigfaltigen mechanischen Reparaturarbeiten hatte man viele Papiermühlen- und Textilbetriebe in der näheren Umgebung gewonnen. Für Erstere reparierte man zunächst große stählerne Wasserräder, die zur rein mechanischen Kraftgewinnung betrieben wurden. In den frühen 80er

Nachdem es die Nacht vor Transportbeginn durchgeregnet hatte, verließ man gegen 7:00 Uhr in der Früh das Herstellerwerk der Firma Voith in Heidenheim

Jahren des 19. Jahrhunderts stieg man schließlich in die Fertigung kompletter Papiermaschinen ein. Heutzutage wird nach eigenen Angaben ein Drittel der weltweiten Papierproduktion auf Maschinen der Marke Voith hergestellt.

Johann Matthäus Voith beließ es mit seinem kleinen Betrieb jedoch nicht nur bei der reinen Instandhaltung fremd gefertigter Wasserräder. Vielmehr experimentierte er ständig an den importierten „Wasserturbinen" und verbesserte diese. Auch sein Sohn Friedrich, der eine Zeit lang beim Turbinenbauer Henschel in Kassel arbeitete, studierte mit großem Interesse die Umformung der Wasserkraft in mechanische Antriebskraft für Maschinen und schließlich zur aufkommenden Elektrizitätsgewinnung. Im Jahre 1870 begann man bei Voith mit der Herstellung von solchen Wasserturbinen. Dabei unterschieden sich bereits damals diese Turbinen- beziehungsweise deren Laufräder, die vom Wasserstrom angetrieben wurden, beträchtlich voneinander. Weltweit hatten die Konstrukteure, abhängig von verfügbarer Wassermenge und vorliegender Fallhöhe, die entsprechend geeignete Turbine entwickelt. Die Herren Konstrukteure gaben der jeweiligen Antriebseinheit auch gleich ihren entsprechenden Namen. So stehen auch heutzutage die gebräuchlichsten Typen wie Francis- (1849), Pelton- (1880) und Kaplan-Turbine (1912) für die damals geleistete Entwicklungsarbeit.

Bei Voith baute man bereits 1873 eine erste, nach dem amerikanischen Ingenieur James B. Francis benannte, Francis-Turbine. Diese für eine Heidenheimer Weberei bestimmte Kraftmaschine, die heute im Deutschen Museum in München ausgestellt ist, erhielt jedoch beim schwäbischen Hersteller eine entscheidende Verbesserung. So sorgten nunmehr bewegliche Leitschaufeln für eine regulierbare Turbinenleistung. Der Wirkungsgrad einer solchen Francis-Turbine liegt im Übrigen bei beachtlichen 90%.

Wurden derartige Wasser-Turbinen seinerzeit noch für kleine Direkt-Betreiber hergestellt, um die Kraftversorgung des eigenen Betriebes zu gewährleisten, so werden diese Turbinen heute nahezu ausschließlich für große Energieerzeuger zur Stromgewinnung gefertigt. Bei dem stetig wachsenden Energiebedarf sind die Dimensionen einer solchen Turbinenanlage jedoch inzwischen nicht mehr vergleichbar. Die schwergewichtigen Komponenten werden von Voith allerdings auch heute noch am Standort Heidenheim gefertigt und in alle Welt gelie-

Auf einem 16-achsigen THP-Goldhofer-Roller hatte man das gewaltige Laufrad verlastet. Das Voith-Werk in Heidenheim hat sich auf die Fertigung unterschiedlicher Wasserkraftturbinen spezialisiert und zählt auf diesem Gebiet zu den weltweiten Marktführern

In Heidenheim selbst fand die Transportmannschaft noch geräumige Kreuzungsbereiche mit abgeflachten Verkehrsinseln vor. Der hydraulische Achsausgleich des Hängers hatte hier gleich zu tun. Bei 5,05 m Transporthöhe fuhr zunächst auch ein Scholpp-Mitarbeiter auf dem Ladegut mit. So konnten einige Ampelmasten von dort seitwärts geschwenkt werden

Kurz nach dem Ortsausgang von Heidenheim wurde auf „freier Strecke" ein wenig Fahrt aufgenommen. Inzwischen konnte das in der späteren Einbaulage transportierte Laufrad auch schon einmal Kontakt mit dem nassen Element aufnehmen. Um später einmal Strom zu erzeugen, bedarf es dann allerdings doch ganz anderer Wassermassen

Die 525 Pferdestärken des Titanen gehörten anno 1994 zum Stärksten, was auf deutschen Straßen unterwegs war

fert. Hierbei sei gesagt, dass alle drei vorgenannten Turbinen-Typen, natürlich in stetig verbesserter Form und Größe, bei Voith in Heidenheim gebaut werden. Der Maschinenbauer von der schwäbischen Ostalb hat dabei bislang auf allen Kontinenten über 40.000 Generatoren und Turbinen installiert, was laut eigener Auskunft rund einem Drittel der weltweit „umgeformten“ Wasserkraft entspricht.

Ein erster Meilenstein gelang dabei bereits im Jahre 1903, als die damals weltweit größten Turbinen (12 Francis-Turbinen) für die Energieerzeugung an den Niagarafällen geordert wurden. Bis in die Neuzeit reihten sich immer imposantere Turbinen-Aufträge aneinander. Als weitere bekannte Wasserkraftwerksprojekte, die auf Voith-Turbinen setzen, sind die Namen Itaipu (Brasilien) und „Drei Schluchten“ (China) zu nennen. Dabei kommen hauptsächlich die von Voith verbesserten Francis-Turbinen zum Einsatz, die für große Wasserströme und mittlere Fallhöhen zwischen 10 und etwa 700 Metern geeignet sind.

Bei dieser Turbinenart wird das Wasser, wie bereits angedeutet, durch ein feststehendes, jedoch verstellbares äußeres Leitwerk auf die gekrümmten festen Schaufeln des innen gelagerten Laufrades geleitet. Anders als beispielsweise bei der Kaplan-Turbine, die nicht unähnlich einem Schiffspropeller ist, strömt das Wasser beim Francis-Laufrad senkrecht zur Laufradachse ein. Der bisherige Rekord für einen solchen Laufraddurchmesser liegt bei beachtlichen 9,7 m (Grand Coulee III, USA, 1974).

Neben China, welches in den letzten Jahrzehnten immer größere Staudammprojekte verwirklichte, ist vor allem Südamerika als einer der Haupteinsatzorte der gewaltigen Wasserkraft-Turbinen zu nennen. Insbesondere in Brasilien entstehen dabei an den dortigen Urwaldströmen die nicht unumstrittenen Staudämme, die oftmals einen großen Einschnitt in die dortige Umwelt darstellen.

Für eines dieser Staudammprojekte in Brasilien hatte Voith zur Mitte der 1990er Jahre insgesamt sechs Francis-Turbinen (je 502 MW) zu fertigen. Das Wasserkraftwerk Xingó wurde seinerzeit am rund 2.900 km langen Rio São Francisco fertig gestellt.

Eines dieser Laufräder galt es dabei im Oktober 1994 vom Stammwerk in Heidenheim auf die lange Reise nach Brasilien zu schicken. Mit besagtem Straßentransport hatte man die im nahen Stuttgart

Der nachlassende Regen machte an dieser geräumigen Abbiegung einen Smalltalk zwischen Transportteam und Polizei möglich

Einer DB 3548 (480 PS) blieb während des gesamten Transports die Schubarbeit überlassen

In Unterkochen wurde von der Landstraße L1024 auf die Kreisstraße 3332 abgebogen

beheimatete Firma Scholpp betraut, die des Öfteren entsprechendes Schwergut für Voith befördert. Das Laufrad, welches in einem Stück gegossen und anschließend bearbeitet wurde, besaß einen maximalen Durchmesser von immerhin 7,215 m (unten). Bei einer Bauteilhöhe von 3,8 m kam man auf eine Transporthöhe von 5,05 m. Das Laufradgewicht betrug dabei beachtliche 215 t.

Das Schwergut hatte man auf einem 16-achsigen Goldhofer-Roller verladen, der mit entsprechenden Zug- und Schubdeichseln versehen wurde. Zwei der kräftigen roten Scholpp-Schwerlastzugmaschinen sorgten seinerzeit für den benötigten Vortrieb. Gezogen wurde von einer 525 PS starken Maschine der Marke Titan. Als Schubfahrzeug diente eine DB 3548 mit 480 PS. Laut Ladepapieren betrug das Gesamtgewicht des Transportes 288 t bei einer Gesamtlänge von 35,3 m. Eine dritte Zugmaschine (DB 3544) begleitete den Transport und kam überwiegend bei den zu erwartenden Steigungs- bzw. Gefällstrecken zum Einsatz.

Für den Transport bis zur Binnenschiffverladung im Neckarhafen Heilbronn hatte man seitens der schwäbischen Transportspezialisten zwei Tagesetappen eingeplant, die ausschließlich über Bundes- und Landstraßen führten. Die kürzeste Straßenfahrt von rund 120 km konnte aufgrund der Transportabmessungen nicht gewählt werden. So ging es schließlich rund 160 Kilometer über Aalen, Mögglingen, Mainhardt und Löwenstein nach Heilbronn. Als topographisches Hindernis stellten sich dem Transport am zweiten Tag die bis zu 550 m hohen „Löwensteiner Berge“ in den Weg. Entsprechende Anstiege und Gefällstrecken waren von dem ungelenken Transportgespann zu meistern.

Das Herbstwetter mit teilweise kräftigen Regenschauern und reichlich Laub während einiger Walddurchfahrten sorgten zudem für einige Traktionsprobleme. Bei manchen sehr engen Ortsdurchfahrten kam es dabei auf jeden Zentimeter beiderseits des Laufrades an, so dass dort überaus vorsichtig rangiert werden musste.

Letztendlich erreichte man Heilbronn ohne große Verzögerungen am Nachmittag des zweiten Transporttages. Das Exportgut dürfte inzwischen in den zurückliegenden Jahren für reichliche Ausleuchtung im Urwald Brasiliens gesorgt haben.

Quelle zu Voith: Voith – Die Geschichte,
Voith AG, 2004

Um Ampelschaltungen musste sich Scholpp nicht kümmern. Der Transport hatte aufgrund Polizeiabsperrungen immer Vorfahrt

Die Schubmaschine DB 3548 mit dem entsprechenden Schwerlastturm hinter dem Fahrerhaus

Nach dem Abbiegen auf die Kreisstraße musste das Gespann umgekoppelt werden. Das Laufrad hatte nachfolgend die entgegengesetzte Fahrtrichtung einzuschlagen

Da der Titan die Zugarbeit vorbehalten war, musste diese ans andere Ende des THP-Rollers geholt werden. Die 3548 hatte sich derweil bereits wieder hinten angestellt

Auf zwischenzeitlich abgetrockneter Strecke wurde nach dem Wendemanöver die Bundesstraße 19 Richtung Aalen befahren

Mit der Reserve-Maschine und einem nachfolgenden BF3-Fahrzeug mit entsprechender Lichtzeichenanlage war ein Überholen des Gespanns auch für unbelehrbare Pkw-Fahrer ausgeschlossen

An diesem Engpass musste erst einmal gehalten und sicherheitshalber genau Maß genommen werden. Die Machbarkeit der Passage hatte man natürlich im Vorfeld bereits abgeklärt

Letzte Zweifel der Hausbewohnerin konnten in einem kurzen Dialog beseitigt werden

Geschafft…

An diesem langgezogenen Anstieg (12 % Steigung) kam denn auch die DB 3544 zu ihrem Einsatz. Nunmehr waren 1445 Pferdestärken damit beschäftigt, die Anhöhe zu erklimmen

Die Berg- und Talfahrt des Laufrad-Transports ist hier zu erahnen. Und schon wieder fehlte eine Hausecke…

Bei trockener Wetterlage hatten sich an dieser 90-Gradabbiegung in Untergröningen auch einige Schaulustige eingefunden

Auch wenn es so aussah, als ob die Last den Bürgersteig berührte, das Schwergut wurde schadlos auf den „Gipfel“ gebracht

Der Fahrer der 3548 hatte eigentlich immer nur das gegossene Schwergut mit seinen feststehenden Schaufeln vor sich

In Mögglingen angekommen, war bereits die Dunkelheit eingebrochen. Da auch das Scholpp-Team ihr Tagespensum mehr als erreicht hatte, wurde kurze Zeit später die erste Tagesetappe beendet und der Transport auf einem Parkplatz abgestellt

Am darauf folgenden Morgen hatte sich der Wettergott wieder in Erinnerung gebracht und seine Schleusentore geöffnet. Mitten im grünen Feuchtbiotop kam der rote Riese richtig ins Schwitzen. Das Gespann hatte mit Traktionsproblemen zu kämpfen

Eine kurze Zwangspause war an dem Peitschenmast einzulegen. Das Hindernis musste erst einmal beseitigt werden

Die Titan hinterließ mit ihren 525 PS einen kraftvollen wie kompakten Eindruck beim Betrachter

Hier konnte nichts zur Seite geschwenkt werden. Die Durchfahrtbreite musste einfach passen… und sie passte

In Löwenstein angekommen, begleiteten auch wieder ein wenig mehr Passanten den überbreiten Transport

Die Abfahrt aus „Löwenstein“ hatte man freundlicherweise zuvor ein wenig gefräst. Dies erleichterte die Bodenhaftung beim Herunterbremsen des schwergewichtigen Transportgespanns

Sicherheitshalber hatte man allerdings trotzdem auf die zusätzliche Bremsunterstützung der dritten Scholpp-Maschine gesetzt

An diesem Tage hatte die Streifenwagenbesatzung das passende Motto auf ihrem Gefährt stehen

Mitten in einer Haarnadelkurve der Bundesstraße 39 musste diese verlassen werden. Der Übergang mit unterschiedlicher Straßenneigung durfte nur im Zeitlupentempo angegangen werden

Bei der Abfahrt von der B 39 konnte der hydraulische Achsausgleich seine Eignung unter Beweis stellen

Die Autobahnauffahrt kurz vor Heilbronn musste man links liegen lassen. Sie hätte das überdimensionale Schwergut nicht zum Ziel geführt. An den Ampelmasten konnte man sich allerdings geschickt vorbeischlängeln

Die A 81 musste auf dem Weg nach Heilbronn unterfahren werden

Bei über 5 m Transporthöhe musste erst einmal die Ladung etwas abgelassen werden

In tiefster Gangart des THP-Modultransporters wurde die Unterquerung unter ständiger Beobachtung angegangen

Vertrauen (Messung im Vorfeld) ist gut, Kontrolle ist besser …

Da kam es tatsächlich auf jeden Zentimeter an

Geschafft…, die restlichen knapp 15 Kilometer nach Heilbronn brachten keine außergewöhnlichen Komplikationen mehr mit sich

Transport und Schwermontage beim Raffineriebau

von Wolfgang Weinbach

Berichte, Fotoreportagen oder Hersteller-Pressestatements über das Handling von Schwerlasten gibt es in dieser schnelllebigen Zeit zur Genüge. Darin werden die neuesten technischen Errungenschaften, wie Transporteinheiten oder Autokrane, ausführlich beschrieben. Kein Problem, und sei es noch so schwergewichtig, bleibt ohne Lösung. Und wenn es scheinbar keine gibt, so wird halt eine solche eigens für den Lastfall konstruiert.

In der Vergangenheit hatte man dagegen gerade beim Großanlagenbau häufig zu improvisieren. Oftmals komplizierte Montageabläufe galt es auch schon vor Jahrzehnten ohne die heute übliche Unterstützung von Computerprogrammen oder der sehr hilfreichen Hydraulik zu bewältigen. Der „Flaschenzug“ (und seine Weiterentwicklungen) war nur zu oft die einzige technische Finesse, mit der es gelang, schwere Komponenten aufzurichten oder aufeinander zu setzen.

Derlei Aktionen, fanden sie noch dazu auf abgesperrtem Gebiet statt, wurden seinerzeit eher selten mit der Kamera begleitet. Somit sind solche Bilddokumente umso interessanter, zeugen sie doch vom Einfallsreichtum der Montagefirmen und ebenso oft vom Mut der Montagearbeiter, die ohne Hubarbeitsbühne oder PSA (Persönliche Schutz Ausrüstung gegen Absturz) in schwindelerregender Höhe eine Last zu montieren oder abzuschlagen hatten.

Obwohl es in den 1930er Jahren in Deutschland bereits Automobil- (bis ca. 8 t) oder Raupenkrane (bis ca. 20 t) geringer Tragkraft gab, waren Großmontagearbeiten seinerzeit den so genannten Derrickkranen vorbehalten. Hier ist ein solcher Derrickkran mit Vollwandträgern im Februar 1939 beim Bau der Wassergasfabrik zu sehen

Oben: Für die ganz schweren Lastfälle kam man allerdings nicht mehr mit den frei verspannten Derricks aus. Um beispielsweise die zur Hydrierung erforderlichen Hochdruckreaktoren von rund 150 t Gewicht einzubauen oder auszuwechseln, wurde ein solcher Bockkran, der ebenerdig beziehungsweise auf einer erhöhten Kranfahrschiene verfuhr, benötigt. Das als „Kammerkran" bezeichnete Hubgerät verfügte über einen Haupthub von beachtlichen 200 t sowie einen 12,5-t-Hilfshub am Drehausleger. Der gerade fertig gestellte Kran zeigt sich im September 1939 inmitten der noch im Bau befindlichen Produktionsanlage

Unten links: Hier ist der von der Demag in Duisburg gefertigte „Kammerkran" im Mai 1940 beim Einbringen eines oben erwähnten Kohle-Hochdruckreaktors fotografiert worden

Unten rechts: Nicht ganz so spektakulär zeigt sich genau ein Jahr später dieser Bockkran für die Montagearbeiten. Interessant ist jedoch aus meiner Sicht die Gemischtbauweise mit hölzernen Portalen und stählerner Brücke und Katze. Die elektrische Energie für Fahrantriebe und Hubwerk wurde noch über „offene Schleifleitungen" zugeführt

Nicht ganz zum Jahrbuchthema passend, war hier die Werkfeuerwehr der UK Wesseling im Mai 1940 aufmarschiert und hat sich in militärischer Haltung präsentiert. Krankenwagen auf Mercedes-Benz-Fahrgestell und zwei Feuerlöschfahrzeuge von Magirus mit Anhängeleiter bildeten zu Kriegszeiten die recht bescheidene Löschtruppe. Die bedauernswerten Floriansjünger dürften den noch bevorstehenden Bomberangriffen hoffnungslos gegenüber gestanden haben

Links: Zum Bau der Schiffsverladebrücke (Bau 183) im Rhein war das Bauunternehmen der Gebrüder Meyer aus Köln im April 1942 mit ihrem Kran Nr. 7 angerückt. Aufgebaut auf einem Ponton war ein dampfbetriebener Drehkran der seinerzeit bekannten Maschinenfabrik MUKAG (Maschinen- und Kranbau AG) aus Düsseldorf. Dieser Hersteller wurde bereits in den frühen 1930er Jahren von einem gewissen Herrn Leo Gottwald übernommen und im Jahre 1936 in Leo Gottwald KG umbenannt. Über die spätere Bedeutung dieses Kranherstellers insbesondere auf dem Gebiet der Mobil- und Autokrane nach dem Weltkrieg muss wohl nicht näher eingegangen werden

Rechts: Im Mai 1943 wurde diese 57 t schwere Destillationskolonne unter Zuhilfenahme eines entsprechenden Hubgerüstes aus der Horizontalen in ihre Endposition gebracht. Die beiden Gerüsttürme wurden mit zahlreichen Abspannseilen in ihrer senkrechten Montageposition gehalten. Hierfür war eine genaue Planung und entsprechender Platz auf der Baustelle unabdingbar

Der Monat Mai eignete sich offensichtlich bestens für das Ablichten von Montagearbeiten. Doch hier zeigt sich im Jahre 1944 das dunkle Kapitel der Zeit bei einem innerbetrieblichen „Schwertransport". Hier waren einige Dutzend Zwangsarbeiter aus Belgien, den Niederlanden, Frankreich und Marokko damit beschäftigt, einen Behälter mit reiner Muskelkraft auf Schienen zu verbringen. Zu Kriegszeiten waren mehrere tausend Zwangsarbeiter in Wesseling im Einsatz. Ein Jahr später war das Leid zum Glück vorbei

Ich hatte die Gelegenheit das ehemalige Bildarchiv einer großen deutschen Raffinerie einzusehen, welches vor wenigen Jahren in den Besitz des Wesselinger Stadtarchivs überging. Danken möchte ich deshalb an dieser Stelle insbesondere der Stadtarchivarin Frau Martina Zech, die die nachfolgenden Aufnahmen zur Verfügung stellte.

Ich habe eine entsprechende Auswahl an Bildmaterial zusammengestellt, die auch einen kleinen Querschnitt der unterschiedlichen Montagetechniken widerspiegelt, angefangen mit den damals noch unverzichtbaren Derrickkranen, über gewaltige Portalkrane, Hubgerüste und die inzwischen nicht mehr wegzudenkenden Autokrane. Dabei geben sich einige der bekannten Schwerlastspezialisten ein Stelldichein.

Links: Inmitten einer noch komplett eingerüsteten Anlage zeigt sich im Juni 1944 ein gewaltiger Derrickkran bei der Arbeit. Der Montageerfolg wird wohl nicht von langer Dauer gewesen sein. Bereits einen Monat später erfolgte der erste große alliierte Luftangriff. Rund 1000 Bombentreffer auch während weiterer Angriffe bis zum Oktober brachten schließlich die Stilllegung des Hydrierwerkes Wesseling von oberster Stelle mit sich

Zwei schwere Kaliber sind hier auf Schwerlastwaggons der Deutschen Reichsbahn verladen. Da diese Aufnahme aus dem Dezember 1944 stammt, ist nicht ganz sicher, ob es sich um eine Neuanlieferung trotz Stilllegung des Werkes nach den besagten Luftangriffen handelte, oder aber um den Abtransport von unbeschädigten Altreaktoren zwecks anderweitiger Verwendung

Bei der „Bepflanzung" des HD-Reaktors handelt es sich wohl eher weniger um eine Tarnung als viel mehr um ein Zeichen des bevorstehenden Weihnachtsfestes 1944

Links: Im März 1950 hatte man den Weltkrieg schon einige Jahre hinter sich gelassen. Da die Herstellung von Treibstoffen allerdings in Deutschland zunächst von den Alliierten untersagt wurde, benötigte man erst zu diesem Zeitpunkt einen neuen zweiten „Kammerkran". Dieser wird hier gerade der abschließenden Belastungsprobe mit 262 Tonnen unterzogen. Als Probeballast dienen drei unterschiedlich große Reaktoren

Wesseling, eine Stadt, die, direkt am Rhein gelegen, nahezu unmittelbar an die südliche Stadtgrenze von Köln anschließt, ist inzwischen ein weltweit bekannter Standort für diverse Chemieriesen und Raffinerien. Bereits im Jahre 1937 wurde dort eine solche Raffinerie zur Kraftstoffherstellung als „Union Rheinische Braunkohlen Kraftstoff AG", kurz UK Wesseling, gegründet. Es sollten seinerzeit synthetische Kraftstoffe aus der reichlich vorhandenen Braunkohle der nahegelegenen Tagebaue hergestellt werden. Diese Kohle-Verflüssigung erfolgte in den sogenannten Hydrierwerken im Hochdruck-Hydrierverfahren unter Einsatz von Wasserstoff. Wohl kaum jemand ahnte bei Baubeginn, dass derlei „Kraftstoff-Fabriken" einmal ein wichtiges Standbein der unmittelbar bevorstehenden Kriegsführung im „tausendjährigen Reich" werden sollten.

Im Vergleich zur Aufnahme von 1940 zeigten sich die Mitglieder der Werkfeuerwehr im Jahre 1950 viel entspannter und weniger militärisch eingestimmt. Auch hatte man wesentlich „modernere" Feuerwehrfahrzeuge mit Kabine erhalten

Durch enge Ortsdurchfahrten musste im Jahre 1952 diese 85 t schwere Destillationskolonne ihren Weg nach Wesseling finden. Vollgummibereifung war damals zumindest bei den beiden Schwerlastrollern noch Stand der Technik

Derartige Transporte wurden schon in den 1950er Jahren von einer staunenden Menschenmenge in Augenschein genommen. Die Rheinischen Röhrenwerke AG in Mülheim-Ruhr waren der Hersteller des Behälters

Als Zugmaschinen dienten ein entmilitarisierter Diamond T vor Kopf und eine Kaelble aus deutscher Fertigung. Die Diamond T aus amerikanischen Armeebeständen war seinerzeit aufgrund ihres kraftvollen Antriebes in nahezu jedem Schwerlastfuhrpark im Nachkriegs-Deutschland anzutreffen

Mit Hilfe einer frei verspannten Hubgerüstkonstruktion und eines nachführenden Derrickkrans wurde das Aufrichten der 85-t-Kolonne im März 1952 in Angriff genommen. Die Aktion war, wie nicht anders zu erwarten, gelungen. Die Kolonne stand in der ihr zugedachten senkrechten Position

Auf einem rund 114 ha großen Grundstück in den Gemarkungen Wesseling und Urfeld begann man schließlich im April 1938 im damaligen Hitler-Deutschland mit den ersten Baumaßnahmen. Beste Verkehrsanbindungen durch den Rhein sowie diverse Eisenbahnlinien trugen zur dortigen Ansiedlung bei. Gleich nebenan lag zudem die erste in Deutschland gebaute Autobahn, die seit ihrer Fertigstellung 1932 die Städte Köln und Bonn miteinander verband.

Als „Vierjahresplan" wollte man das Hydrierwerk errichten und aus der heimischen Braunkohle die für die Kriegsführung wichtigen Treibstoffe wie Autobenzin, Flugbenzin, Dieselkraftstoff und Treibgas produzieren. Neben dem UK-Werk gab es zu Kriegsbeginn im Jahre 1939 weitere elf derartige Treibstofffabriken, die teils bereits produzierten oder aber sich noch im Bau befanden.

Nach zunächst regen Arbeiten brachte besagter Kriegsbeginn im September 1939 bereits erste Bauverzögerungen mit sich. Die Nähe zu den westlichen Kriegsgegnern mit der damit verbundenen Gefahrenlage hatte einen rigorosen Baustopp zur Folge. Erst nach einigen Monaten der Tatenlosigkeit erfolgte eine

Nach dem gleichen Prinzip ging es zwei Monate später beim Bau einer neuen Crackanlage zu. Die Kolonnen waren allerdings um einiges länger beziehungsweise höher

Im Juni 1952 musste dieses Unterteil des Entspannungsturms der Crackanlage zwischen allerhand Hindernissen hindurch rangiert werden. Es ist anzunehmen, dass der Fahrer des Hanomag-Schleppers auch die Hürde des Feuerlöschhydranten gekonnt gemeistert hat. Am rechten Bildrand sind die zwei zur Hochdruckanlage gehörenden Kammerkrane zu sehen

Ein Schwertransport der eher leichteren Art ist hier zu sehen. Im Herbst 1954 wurde diese Brückenkran-Hälfte für eine neue Kompressorenhalle (Bau 8) zum Einbauort gebracht. Das Gelände stellte dabei wohl das größte Hindernis dar, woraufhin man bei der Zugmaschine auf eine Planierraupe zurückgriff

Die Kranteile selbst wurden wiederum mit einem Derrickkran kleinerer Ausführung in die Kompressorenhalle eingebracht

Diese noch recht handliche Kolonne wurde unmittelbar neben der Kompressorenhalle aufgestellt

erneute Einstufung in eine hohe Dringlichkeitsstufe seitens des Reichswirtschaftsministeriums. So konnte das zur Energieerzeugung benötigte Kraftwerk erst im Dezember 1940 mit rund sechsmonatiger Verzögerung den Betrieb aufnehmen. Die ersten synthetischen Kraftstoffe (Dieselöl und Benzin) wurden im August 1941 ausgestoßen. Mit Abschluss der ersten Bauphase im Dezember 1942 war das Werk quasi voll ausgelastet, wobei nachfolgend eine stetige Produktionssteigerung erzielt werden konnte.

In der Nacht vom 18. auf den 19. Juli 1944 erfolgte ein verheerender alliierter Luftangriff, der zur Zerstörung großer Teile der Raffinerie führte. Durch den Einsatz der „Organisation Todt", die seinerzeit für den Bau militärischer Anlagen verantwortlich war, konnte die Herstellung behelfsweise wieder auf rund 40 Prozent

Links: Den von seinen Ausmaßen noch überschaubaren Behälter hatte man auf zwei Dollys nach Wesseling gebracht
Rechts: Hersteller des Schwergutes war im Dezember 1956 das „Werk Orange" der Dortmunder Union in Gelsenkirchen. Die Polizeibegleitung sowie einige Verantwortungsträger posierten hier nebst „Ford-Weltkugel-Polizei-Cabrio" neben dem erfolgreich angelieferten Transportgut

Im Januar 1961 präsentierte sich dieser werkeigene Gittermast-Autokran dem Fotografen. Den P&H-Kranaufbau hatte man sich auf ein offensichtlich ehemals militärisches GMC-Fahrgestell setzen lassen

Auf einem Flachwagen und einem Dolly wurde dieser Behälter im November 1961 für den neuen CO_2-Wäscher angeliefert

Für die werkeigene Abfallverbrennungsanlage wurde im Jahre 1962 dieser neue Drehofen benötigt. Als Lieferfahrzeug für die frei verspannte Last diente eine Henschel-Zugmaschine mit gesatteltem Kesselbett und entsprechendem Nachläuferfahrwerk

Rechts: Auf dieser winterlich anmutenden Baustelle der Äthylenanlage wurde im Januar 1963 ein P&H-Gittermast-Autokran zum Aufstellen einer kleinen Kolonne benötigt. Aufgrund des am unteren Bildrand sichtbaren VW-Bully der Firma Heydemann kann auf einen Einsatz dieser Firma geschlossen werden. Der ebenfalls im Bild sichtbare kleine Raupenkran dürfte allerdings als „Nachführkran“ eher überfordert gewesen sein. Das eigentlich interessante an dieser Aufnahme fällt jedoch erst beim genaueren Betrachten des P&H-Gittermastauslegers in Hakenhöhe auf. Zwei „Freeclimber“ frühester Gattung scheinen mit dem Abschlagen der gerade aufgerichteten Last beschäftigt zu sein. Damals ging es auf solchen Baustellen eben etwas anders zu! Heutzutage haben sowohl Berufsgenossenschaft als auch Sicherheitsbeauftragte ein wachsames Auge bei solchen Aktionen

Oben: Wo früher für derlei Hubaktionen die bekannten Derrickkrane unersetzbar waren, machten sich nunmehr zwei P&H-Gittermastkrane sogleich über das aufzurichtende Behältnis her. Der Aufbau für die benötigten Hubgeräte war nunmehr konkurrenzlos günstig geworden, sowohl was die Anzahl an Arbeitskräften als auch den Stundenaufwand betraf. Und die Autokrane konnten überdies sogar mit montiertem Ausleger den Einsatzort in gewissem Umfang wechseln und waren in Kürze wieder zugbereit

Rechts: Wiederum zwei P&H-Krane haben sich hier eines weiteren Bauteils der Äthylenanlage angenommen

Im März 1966 war auch die Firma Toense aus Langenfeld mit einigen ihrer Geräten auf der Baustelle der Methanol-Destillation zugegen. Beim Nachführen einer Kolonne ist hier ein Demag TC 140 zu sehen. Das eigentliche Aufstellen besorgte ein Gottwald-Mobilkran vom Typ MK 250 mit maximal 165 t Tragfähigkeit am kurzen Grundausleger. Für diesen Einsatz wurde allerdings etwas mehr Mastlänge in Kombination mit der Schwerlastspitze benötigt. Die erlaubte Traglast reduzierte sich dann entsprechend. Die richtigen Anschlagpunkte galt es für das Montagepersonal erst einmal zu finden, schließlich standen für die genaue Berechnung noch keine Computerprogramme zur Verfügung. Seinerzeit kam es hauptsächlich auf Erfahrung und das nötige Fingerspitzengefühl der Kranführer an

Hier war für die damalige Zeit wahrlich etwas Großes im Gange. Einen Gittermast-Fahrzeugkran bislang nicht gekannter Dimension galt es augenscheinlich aufzubauen

Genau gesagt ein Mobilkran vom Typ MK 500 aus dem Hause Gottwald wurde hier am 29. Mai 1968 montiert beziehungsweise auf dieser Aufnahme gerade ballastiert. Der Kranriese von Toense hatte dabei seine Premiere, denn er wurde erst unmittelbar vor diesem Einsatz von den Düsseldorfer Kranbauern übergeben

Diese kleine Rectisolkolonne machte eigentlich noch nicht einen solch langen Ausleger erforderlich …

… ganz im Gegenteil zu diesem Trennapparat

Die Firma Baumann schaffte im November 1969 diese selbst tragende Ladung, einen Vorheizer, mit einer ihrer Scheuerle-Kesselbrücken (75 t) nach Wesseling

Zur gleichen Zeit galt es diesen Hochglanz-Bunker in eine Anlage einzuheben. Als Nachführkran kam ein werkeigener Gottwald-Mobilkran vom Typ MK 551 (15 t) zum Einsatz

hochgefahren werden. Nicht vergessen werden darf, dass im Rahmen dieser Arbeiten, wie auch während der gesamten Betriebszeit des Hydrierwerkes während des Krieges, einige tausend Kriegsgefangene und Zwangsarbeiter die Produktion gezwungenermaßen sicherstellten.

Mehrere weitere Fliegerangriffe bis in den Oktober 1944 hinein hatten schließlich die komplette Stilllegung des Betriebes durch das Rüstungsministerium zur Folge. Von den Baumaßnahmen während dieser unsäglichen Zeit zeugen nachfolgend einige interessante Fotodokumente aus dem UK-Archiv.

Der Firma Baum aus Köln war es überlassen, den „Silberling" mit einem Demag-Kran (TC 140) auf die erforderliche Einbauhöhe zu bringen

Auch mit diesem Transportauftrag wurden die Schwerlastspezialisten von Baum betraut. Auf einem 153-t-Tieflader kam der Turbinen-Generator nach Wesseling

Die Methanoldestillation wurde im Jahre 1970 gleich um mehrere Trennapparate erweitert. Toense wurde einmal mehr mit dem Aufstellen der entsprechenden Kolonnen beauftragt

Bei dem 45-t-Kran (TC 140) von Demag reichte der kurze Gittermast für den Nachführjob vollkommen aus

Der Hauptkran benötigte einen etwas längeren Ausleger, zudem um eine Schwerlastspitze ergänzt. Somit konnte der Kolonnenwald um ein weiteres Exemplar erweitert werden. Die neuerdings äußerst kraftvollen Autokrane hatten den früher üblichen Derricks den Rang komplett abgelaufen. Für die Hubarbeit hatte man seitens Toense übrigens einen gesattelten MK 250 (165 t) von Gottwald aufgeboten

Auf der Baustelle der Xylolanlage kam dann im Juli 1970 doch noch einmal ein großer Derrickkran mit angelenktem Ausleger zum Einsatz. Inmitten der zahlreichen Abspannseile hatte man für weitere Hubarbeiten zudem den schon bekannten MK 250 von Toense aufgebaut. Dieser hatte mit dem doch recht handlich wirkenden Behälter offensichtlich keine Probleme. Im Hintergrund ist der Standmast des Derrickkrans zu sehen

Zum „Fass-Abladen“ reichte dieser kleine Coles-Kran auf Faun-Fahrgestell vollkommen aus. Interessant ist sowohl die Achsverteilung des Anhängers wie auch die Großkabine der seltenen DB-Schwerlastzugmaschine. Vor dem Überbleibsel eines Luftschutzbunkers hatte man den MK 250 beim Aufbau der Xylolanlage im Sommer 1970 in Stellung gebracht

Eine ganze Reihe von Behältern wurde im November 1970 beim Bau einer neuen Äthylenanlage von einem Gottwald-Kran vom Typ AK 150 (100 t) der Firma Colonia aufgestellt. Eine neue Kranära brach allerdings mit dem Einsatz der modernen Teleskopkrane an. Der TM 600 (54 t) von Grove war seinerzeit schon ein recht kräftiger Vertreter der neuartigen Krantechnik. Als Zubringerfahrzeug kam ein alter Henschel zum Einsatz

Im Mai 1971 war diese Äthylenkolonne unter zahlreichen Rohrbrücken zur Baustelle zu verbringen

Nur wenige Tage später reiste diese Kolonne gleichfalls auf die Ätylen-Baustelle. Vor der schon bekannten Kulisse der Hochdruckanlage mit den beiden Kammerkranen hatte man den Transport vorübergehend abgeparkt. Zwei Vierachs-Roller von Scheuerle wurden von einer Baum'schen Faun-Maschine vom Typ L1212/45ZA mit für die damalige Zeit beachtlichen 340 Pferdestärken bewegt

Beim Rangieren des schweren Kalibers an engen Passagen musste die Faun auch schon einmal kräftig schieben. Für die Lenkhydraulik des weit entfernten Rollers hatte man eigens ein kleines Diesel-Aggregat angebracht

Auf der Baustelle angekommen, wurde der Trennapparat am darauf folgenden Tag vom MK 500 von Toense aufgestellt. Ein Manitowoc-Raupenkran amerikanischen Ursprungs gab dabei Hilfestellung

Bei der Reparatur an der Harnstoff-Verladeanlage kam im Juni 1973 der AK 150 eines Kölner Kranverleihers zum Einsatz

Zwei Jahre später wurde dieses Bauteil einer neuen Crackanlage von der Düsseldorfer Firma Wirzius angeliefert. Um die Transporthöhe möglichst niedrig zu halten, hatte man das Schwergut auf einem breitenverstellbaren Goldhofer-Kesseltransporter vom Typ THPK verladen. Rechts ist der selbe Transport noch einmal unmittelbar am Einbauort zu sehen

Nach Kriegsende im Mai 1945 wurde Deutschland seitens der alliierten Kontrollbehörden die Treibstoffproduktion zunächst verboten. Die bestehenden beziehungsweise wieder instand gesetzten Anlagen konnten nachfolgend zur Herstellung von Ammoniak für die Düngemittelindustrie genutzt werden. Durch ein spezielles Herstellungsverfahren von Methanol wuchs das Werk zudem in den 1960er Jahren zu Europas größtem Methanolproduzenten.

Ab 1949, dem Gründungsjahr der Bundesrepublik Deutschland, war es dem Werk auch wieder erlaubt, Treibstoffe herzustellen. Allerdings waren es diesmal keine aus Kohle hergestellten, sondern auf Basis von Rohöl. Die Anbindung der Raffinerie an diverse Pipelines war hierfür unabdingbar. Der Standort wuchs infolge gewaltiger Investitionen und Baumaßnahmen in kurzer Zeit zu einer äußerst leistungsfähigen Erdölraffinerie heran. Auch von diesen Aktivitäten gibt es zahlreiche Bilder, die die inzwischen leicht geänderte Montagetechnik belegen. Die Anlagenkomponenten konnten nunmehr dank der neuen Mobilkranmontage immer größer und schwerer geplant und ausgeführt werden.

Links: Natürlich hatten sich auch die betriebseigenen Montageabteilungen der UK Wesseling einen Kran mit der modernen Teleskop-Technik zugelegt. Dabei blieb man dem Kranbauer Gottwald aus Düsseldorf treu. Ein aus dem Baujahr 1975 stammender TMK 65-23 für maximal 45 t Tragkraft kam bei diesen Arbeiten an der Öldruckvergasung im Jahre 1975 zum Einsatz
Rechts: Jumbo, so der Spitzname des 45-Tonners, hatte es dann auch schon einmal mit einer ausgewachsenen Kolonne zu tun, so wie bei diesen Arbeiten an einer Crackanlage im Januar 1976

Im gleichen Jahr war der als K5003 bezeichnete 500-Tonner von Toense zu Besuch. Der Krantyp war in den 1970er Jahren unter der Verantwortung von Rosenkranz für die Bohne-Gruppe, zu der auch die gelben Krane aus Langenfeld gehörten, entwickelt worden

Links: Bereits eine Aktion aus dem Jahr 1981 ist hier zu sehen. Dem im Hintergrund stehenden MK 500 steht ein Gottwald-Teleskopkran vom Typ AMK 125-63 (100 t) zur Seite. Der im blauen Baum-Outfit daher kommende Telekran gehörte eigentlich zum Fuhrpark der Firma Toense, die geschäftlich eng mit dem Kölner Schwerlastspediteur zusammenarbeitete

Die einstmals mit einer Jahresproduktion von 250 000 Tonnen gestartete Rohölkapazität konnte bis zum heutigen Tage auf knapp 7 Millionen Tonnen gesteigert werden. Zum weiteren Werdegang des ehemaligen Hydrierwerkes sei gesagt, dass die Verarbeitungs- und Vertriebsaktivitäten der UK im Jahre 1989 in die DEA Mineralöl AG eingebunden wurden. Die übrigen Bereiche wurden als RWE-DEA AG weitergeführt. Am Standort Wesseling wurden auch weiterhin hochwertige Mineralölprodukte sowie petrochemische Grundstoffe für nachfolgende Produktionsbetriebe hergestellt. Im Jahre 2002 schließlich erfolgte ein Joint Venture mit Shell. Bereits 2004 kam es zur Gesamtübernahme der Raffinerie durch die Shell Deutschland Oil GmbH. Zusammen mit der Ende der 1950er Jahre nur sechs Kilometer rheinabwärts gegründeten Raffinerie der Deutschen Shell AG in Köln-Godorf bildet man nun als Rheinland-Raffinerie einen der bedeutendsten Treibstoffproduzenten in Deutschland.

Für die Niederdruck-Methanolanlage bestimmt war dieses Bauteil, das bei der Anlandung an einem Fähranleger im Mai 1981 zu sehen ist. Drei Sternenträger waren hier am Zuge, wobei die beiden hinteren Maschinen von dem Spezialfahrzeughersteller Titan verfeinert wurden

Der knapp 250 t schwere Reaktor wurde auf parallel gekuppelten Scheuerle-Rollern (2 x 10 Achslinien) transportiert

Bevor man zum Einheben des Schwergutes übergehen konnte, hatte man zahlreiche Verzurrungen zu lösen, die während des Transportes für eine sichere Fixierung sorgten. Trotz vorbereiteter Befestigung des Untergrundes am Einbauort war ein deutlich erkennbares Einsinken nicht zu verhindern gewesen

Vier Tage später hatte man schließlich die für das Einheben benötigten Autokrane in Stellung gebracht. Diese Arbeit teilten sich zwei Gittermastkrane von AKR Richter Rosenkranz. Ein 500-Tonner K5001 (links) und ein Liebherr LG 1300 (300 t) machen noch einmal das Gewicht des Reaktors deutlich. Ebenfalls benötigt wurde ein Liebherr Teleskopkran vom Typ LT 1200 mit einer maximalen Traglast von 200 Tonnen. Letzterer wurde von dem aus dem nahen Bonn stammenden Schwerlastspezialisten Baumann gestellt

Hochgebirgs-Schwertransporter

Zwei Scheuerle-Transporter in den Anden

von Heinz Herbert Cohrs

Die meisten Schwertransporter – ob als straßengängige Zug- und Sattelanhänger oder als selbstfahrende Module zum Bewegen größter Lasten in der Industrie – werden für vielfältige Transportaufgaben konzipiert. Weitaus seltener werden selbstfahrende Schwertransporter für nur eine Aufgabenstellung maßgeschneidert konstruiert. Und noch seltener ist es, wenn sich solche Sonderkonstruktionen dann in einem so lebensfeindlichen Umfeld bewegen, da dort normalerweise kaum Technik und erst recht keine Fahrzeuge anzutreffen sind.

Die beiden speziellen Radioteleskop-Transporter, die von Scheuerle im Auftrag der ESO (siehe separater Infokasten „Wer ist ESO?") für einen ebenso einmaligen wie spektakulären Einsatz in den chilenischen Anden auf die Räder gestellt wurden, gehören zweifellos zu dieser besonderen Fahrzeuggattung. Zudem dürfen die Transporterzwillinge sicherlich zu den weltweit außergewöhnlichsten Fahrzeugen überhaupt zählen.

Die extreme Ausnahmestellung der beiden Radioteleskop-Transporter wird sofort bei Betrachtung des Einsatzortes ersichtlich: Die Fahrzeuge müssen sich in bis zu 5100 m Höhe bewegen! – In mehr als 5 km Höhe über dem Meeresspiegel sind normalerweise gar keine Maschinen mehr anzutreffen, weder auf Rädern noch auf Raupen, und viele Spuren der Zivilisation gibt es dort oben auch nicht mehr. In welchen kolossalen Höhen die umfangreichen Transporte stattfinden, zeigt ein Vergleich mit den Alpen, dem „höchsten Hochgebirge Europas", wie der Brockhaus erklärt. Der höchste Alpengipfel ist der unwirtliche Mont Blanc mit 4810 m, der höchste Berg Deutschlands die Zugspitze mit 2963 m. Steigen wir nun von der Zugspitze nochmals 2100 m höher, gelangen wir erst in die Regionen des ALMA-Projektes in Chile.

Außergewöhnliche Transportanforderungen im Hochgebirge der Anden: In extrem dünner Luft müssen die beiden 20 m langen, 10 m breiten und 6 m hohen Transporter über eine Schotterpiste 66 Radioteleskop-Antennen auf 5100 m Höhe bringen. Jede Antenne wiegt mit Sockel sowie Schwenk- und Drehwerk vormontiert und komplett ausgestattet 100 bis 120 t Bild: ESO

Links: **Dies soll zukünftig das größte und leistungsfähigste Radioteleskop der Welt werden – die beiden Scheuerle-Transporter spielen dabei eine maßgebliche Rolle. Links unten bringt gerade ein Transporter eine neue Teleskopantenne, doch sollen später die insgesamt 66 aufgestellten Antennen mit den Transportern jederzeit beliebig umgesetzt und damit die gesamte Anlage umkonfiguriert werden.** Rechts: **Bei jedem Antennentransport müssen 28 km Strecke durch lebensfeindliches, wüstenähnliches Hochgebirge zurückgelegt werden. Dabei haben die beiden Transporter, bei 2900 m Höhe ü.d.M. beginnend, einen Höhenunterschied von annähernd 2200 m zu bewältigen, denn die Antennen werden auf einem Hochplateau in 5100 m Höhe aufgestellt**

Beide Bilder: ESO

Die extreme Höhe schluckt Leistung

Wo im europäischen Hochgebirge Schnee- und Felseneinsamkeit nur erfahrenen Bergsteigern vorbehalten sind, wird in der chilenischen Atacama-Wüste eine Baustelle eingerichtet, übrigens die höchste der Welt! – Verbrennungsmotoren, ob Benziner oder Diesel, müssen in diesen Höhen nur äußerst selten arbeiten. Auch Hubschrauber erreichen kaum derartige Höhen, erbringen ihre Motoren doch nur noch einen Bruchteil der Leistung, zudem wird der Auftrieb durch die Rotorblätter in der dünnen Luft erheblich geschwächt.

Die kostbare Luftschicht unserer Erde ist dermaßen dünn, dass in Höhen ab 4000 oder gar 5000 m sogar oft mit künstlichem Sauerstoff gearbeitet werden muss. Anderenfalls würde der Sauerstoffmangel bei untrainierten Menschen die Leistungsfähigkeit von Gehirn und Körper stark beeinträchtigen.

Wie auf den Menschen, so zeigt die dünne Luft auch beträchtliche Auswirkungen auf die Technik. Die Scheuerle-Transporter wiegen unbeladen um die 130 t und müssen sich bei jedem Antennentransport etwa 100 bis 120 t aufschultern. Die daraus resultierenden 250 t Gesamtgewicht sind aus 2900 m „Starthöhe“ im Basislager über 28 km Strecke auf ein Hochplateau zu befördern, das sich 5000 bis 5200 m über dem Meeresspiegel befindet.

Fast kontinuierlich müssen auf der gesamten Strecke beachtliche Steigungen überwunden werden, abschnittweise sogar bis zu 10 %, und dies mit 250 t Gesamtgewicht. Die Motoren arbeiten demnach unter hoher Dauerlast. Um die dazu erforderliche Antriebsleistung dauerhaft zur Verfügung stellen zu können, wurden in jeden Transporter zwei Cummins-Motoren mit 1360 PS Gesamtleistung installiert.

Dieser Wert gilt aber in Meereshöhe! Auf dem Chajnantor-Hochplateau in 5000 m Höhe bleiben jedoch „nur“ noch rund 820 PS übrig. Mit anderen Worten: Die große Höhe „schluckt“ 540 PS der installierten Motorleistung, also mehr als ein Drittel! Dieser Leistungsverlust wurde vorab bei der Antriebskonzeption berücksichtigt.

Nicht nur die extreme Einsatzhöhe forderte die Konstrukteure, sondern auch das Klima. Auf der Hochebene herrschen Temperaturen zwischen -40° C im Winter und bis zu +50° C im Sommer. Die immensen Temperaturdifferenzen von annähernd 100° C stellen harte Anforderungen an Hydraulik und Kühlung, Reifen und Elektronik.

So sollen die beiden Transporter die 120-t-Antennen auch abwärts befördern können, um im Basislager umfangreichere Reparaturen und Veränderungen vornehmen zu können. Dann muss mit 250 t Gesamtgewicht 28 km abwärts gefahren werden. Dazu fungieren die 14 Rexroth-Hydraulikmotoren des hydrostatischen Antriebes in den 14 Radpaaren als verschleißlose Dauerbremsen. Die Kühlleistung der Hydrostatik wurde dementsprechend ausgelegt, um auch solche Belastungen zu verkraften.

Lang ist der 2200-m-Anstieg zum Hochplateau Chajnantor. Trotz 5100 m Höhe werden die Transporter nur sehr selten mit Schnee konfrontiert, hier am 30. April 2010, ist das Hochplateau doch eine der trockensten Gegenden der Erde. Schnee fällt nur in wenigen Flocken, sobald der Jetstream in großer Höhe seine Richtung umkehrt und aus dem kühlen Osten weht. Im Hintergrund ragt der 5600-m-Bergriese Toco auf Bild: ESO

Welche Dimensionen die außergewöhnlichen Transporter haben, wird erst im gewohnten Umfeld und im Vergleich mit einer straßengängigen Zugmaschine deutlich, hier beim Transport vom Scheuerle-Werk zum Hafen. Und dabei sind die „Aufbauten", also beide Hubrampen und die Antriebsaggregate, zwecks geringerer Transporthöhe sogar abmontiert Bild: ESO

Fotografen aus aller Welt präsentierte Transporter „Otto" auf dem Scheuerle-Werksgelände seine technischen Merkmale und beachtlichen Ausmaße. Die beiden seitlichen Hauptrahmen des Transporters tragen die Schrägrampen zum Heben der Antennen, die beiden Motoren befinden sich oben außerhalb der Staubzone, sämtliche Räder lenken für's Manövrieren auf engstem Raum Bild: ESO

In der Ferne ist noch der Ausgangspunkt der Fahrt bei den Gebäuden der Operations Support Facility, kurz OSF genannt, in 2900 m Höhe zu erkennen. Fünf vormonierte Antennen stehen dort und warten auf den 28-km-Transport hinauf zum Chajnantor-Plateau, wobei die Transporter ständig Steigungen von bis zu 10 Prozent hinaufklettern müssen Bild: ESO

Die beiden Transporter stellen etwas Besonderes dar, sie sind weltweit einmalig, und dienen zudem einem völkervereinenden Projekt. Deshalb wurden die Fahrzeuge im Scheuerle-Werk in Pfedelbach am 2. Oktober 2007 feierlich getauft, hier der erste Transporter auf den Namen Otto Bild: ESO

Der zweite Scheuerle-Transporter wurde auf den Namen Lore getauft. Auf den ersten Blick sind beide nicht voneinander zu unterscheiden, auf den zweiten schon: Otto zieren rote Geländer, Treppen und Leitern, Lore hingegen grüne. Ansonsten sind beide Transporter baugleich, um Reparaturen und Ersatzteilhaltung zu vereinfachen und identische Bedienung zu ermöglichen Bild: ESO

Anläßlich der Feierlichkeiten zur Transporter-Taufe waren zahlreiche namhafte Vertreter der ESO und des ALMA-Projektes anwesend und ausreichend neugierig, um auch das Kabineninnere in Augenschein zu nehmen, sich viele Details erklären zu lassen und sich sogar mal ans Lenkrad eines Transporters zu setzen Bild: ESO

Die Aktivitäten der ESO in Chile sind multinational. Beteiligt am ALMA-Projekt sind nicht nur die 14 europäischen ESO-Mitgliedsländer, sondern auch die USA, Kanada und viele weitere Nationen. Hier sind im Juli 2007 die ersten drei japanischen Antennen zu den OSF-Anlagen in 2900 m Höhe unterwegs Bild: ESO

Wer ist ESO?

Eigentlich müsste die ESO in unseren Landen recht bekannt sein, ist sie doch in Garching bei München beheimatet – und maßgeblich an einem der faszinierensten astronomischen Projekte der Menschheitsgeschichte beteiligt, dem ALMA-Projekt in Chile (siehe separater Infokasten).

Die ESO ist die „Europäische Organisation für astronomische Forschung in der südlichen Hemisphäre", in Kurzform auch „Europäische Südsternwarte" genannt, und betreibt zahlreiche Teleskope aller Art in Südamerika. Die Abkürzung ESO steht für die englischsprachige Kurzform „European Southern Observatory" und ist weltweit ein Begriff.

Die bereits 1962 gegründete Organisation wurde ins Leben gerufen, um Astronomen aus ganz Europa optimale Mittel zur Beobachtung des südlichen Sternenhimmels zu verschaffen. Aus diesen Gründen beteiligen sich 14 europäische Mitgliedsländer an der ESO. Die Radioteleskope und Observatorien der ESO sorgten in der Vergangenheit für spektakuläre astronomische Entdeckungen, beispielsweise 2004 das erste Bild eines extrasolaren Planeten in einem anderen Sonnensystem, den weitest entfernten Gammablitz oder auch Beweise für die Existenz eines Schwarzen Loches im Zentrum unserer Milchstraße.

Wer sich um die hohen Kosten der verschiedenen ESO-Einrichtungen und –Projekte sorgt, kann beruhigt werden. Von den 14 europäischen ESO-Mitgliedsländern trägt jeder Einwohner jährlich nur mit weniger als 35 Cent zur gesamten ESO bei. Umgerechnet auf das ALMA-Projekt, das ja nur einen kleinen Teil der ESO-Aktivitäten darstellt, sind es nur wenige Cent, die ein jeder von uns als Steuerzahler in

Maßgeschneiderte Technik vom Feinsten

Die beiden Hochgebirgs-Schwertransporter müssen Anforderungen erfüllen, die nie zuvor an Fahrzeuge dieser Größe gestellt wurden. Deshalb war an eine schnelle Fertigung aus Serienkomponenten „von der Stange“ keinesfalls zu denken. Im Gegenteil: Alles, was im Serienbereich problemlos verwendet werden kann, war für die beiden Transporter wegen der speziellen Einsatzverhältnisse nicht verwendbar oder musste erheblich modifiziert werden.

Schon bei der frühen Planung durch die ESO wurde entschieden, besser zwei in jedem Detail durchgeplante und optimierte Spezialtransporter auf einer einfachen Schotterpiste einzusetzen als relativ einfache Fahrzeuge, für die in der großen Höhe eine sehr teure, weniger steile und daher weitaus längere Straße hätte gebaut werden müssen. Ein derartige Straße würde zudem erhebliche Instandhaltungskosten verursachen.

Hinsichtlich der zu befahrenden 10 m breiten Schotterpiste erhielten beide Transporter für alle 28 Räder ein ganz besonderes Dämpfungssystem. Nur so war sicherzustellen, dass die hochempfindlichen Radioteleskope beim Transport auf der Schotterpiste – trotz recht geringer Höchstgeschwindigkeit von 12 km/h – keinerlei Vibrationen ausgesetzt sind. Jedes der 14 Radpaare verfügt über eine computergesteuerte Dämpfung, die gefährliche Resonanzschwingungen gar nicht erst entstehen lässt. Unbeladen erreichen die Transporter 20 km/h Tempo.

Große Bedeutung kamen zudem der Manövrierfähigkeit und dem Rangieren auf engstem Raum zu. Die 66 Antennen, deren Parabolspiegel meist 12 m Durchmesser haben, werden zwar auf dem Hochplateau auf einem 15 x 15 km großen Areal aufgestellt – wozu also kleinstmögliche Wendekreise?

Werden die Antennen jedoch anders arrangiert, kann die Gesamtfläche auf minimal 150 m Durchmesser schrumpfen. Und dann erfordert das Aufnehmen und Aufstellen der 66 Antennen das Rangieren auf kleinstem Raum, ohne die dicht benachbarten Antennen zu beschädigen.

Dank der elektronischen Allradlenkung können die Transporter praktisch auf der Stelle drehen, nehmen aber aufgrund ihrer Abmaße dennoch 20 x 10 m Fläche ein. Deshalb erhielten die Transporter vorn und hinten sowie an beiden Seiten ein Laser-Antikollisionssystem, das automatisch für Halt sorgt, sofern zuvor definierte Distanzen unterschritten werden.

Vor der Auslieferung wurden die Transporter bei Scheuerle ausgiebig getestet. Die Kabine befindet sich unter dem Hauptrahmen, damit der Fahrer optimale Sicht auf alle Räder sowie Antennensockel und -fundamente hat und zudem geschützt vor eventuell herabfallenden Antennenteilen ist. Wer genau hinschaut, sieht auf dem Beifahrersitz die abgelegte Funkfernsteuerung für den Transporter

Bild: ESO

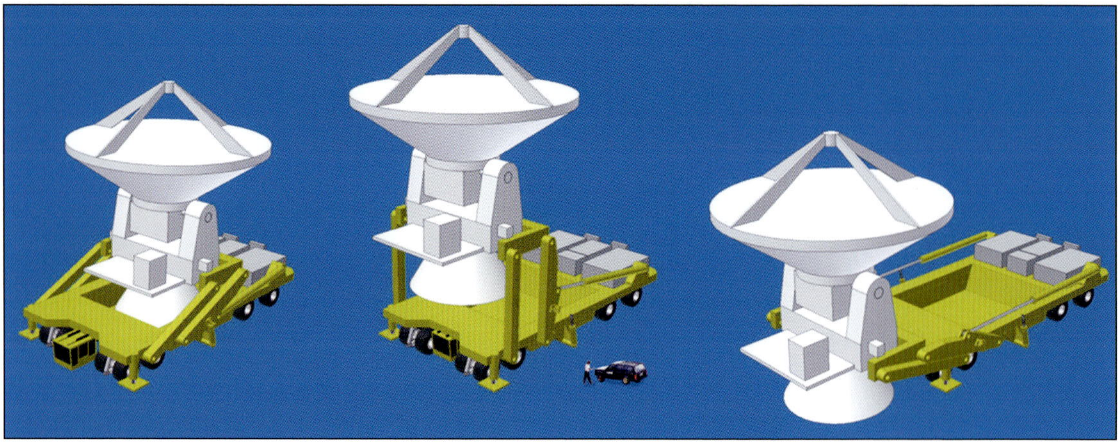

Die ersten Entwürfe der Transporter sahen noch ein wesentlich komplexeres Hub- und Absetzverfahren vor. Mit dem von Scheuerle realisierten hydraulischen Schrägrampen-System können die Antennen nun ebenso einfach wie sicher aufgenommen, gehoben und abgestellt werden Bild: ESO

Während komplizierter Rangiermanöver lassen sich die beiden Transporter auch mittels Funkfernsteuerung bedienen. Die Kabine wurde so angeordnet, dass sie geschützt unter dem Hauptrahmen ist, optimale Sicht auf sämtliche 14 Radpaare bietet und zudem auf die Antennensockel und -fundamente.

Die Fahrerkabine erinnert an eine Kommandozentrale und ist mit zahlreichen Meßinstrumenten, Monitoren und Kommunikationsmitteln ausgestattet. Zur Vermeidung von Bedienfehlern überwacht eine eigens dazu entwickelte Elektronik und Sensorik sämtliche wichtigen Funktionen. Aus Sicherheitsgründen ist die Kabine mit einem zweiten Fahrer besetzt.

Otto ist noch nicht ganz fertig lackiert, zeigt aber schön die beiden Schlitten der durch jeweils zwei langhubige Hydraulikzylinder betätigten „Schrägaufzüge" auf den Rahmenlängsseiten, mit denen jede Antenne während der Transportfahrt angehoben und gehalten wird. In solchen Phasen kann der Transporter ferngesteuert werden, damit der Fahrer bestmögliche Sicht hat Bild: ESO

Die 20 m langen und 10 m breiten Transporter haben elektronische Lenkung, um auf engstem Raum millimetergenau manövrieren und drehen zu können und so trotz ihrer gewaltigen Dimensionen die Teleskopantennen bei Bedarf so dicht wie möglich neben- und hintereinander anzuordnen und jederzeit neu zu arrangieren Bild: ESO

Beide Transporter verfügen über ein ausgetüfteltes Dämpfungssystem, damit die hochempfindlichen Antennen auf der Schotterpiste keinerlei Vibrationen ausgesetzt sind. Dazu erhielt jedes der 14 Radpaare eine aktive, computergesteuerte Federung, die das Entstehen der gefährlichen Resonanzschwingungen im Keim erstickt Bild: ESO

Überholverbot rechts und links, bitte überholen Sie unter dem Fahrzeug hindurch! – Glücklicherweise passen weder Otto noch Lore auf öffentliche Straßen, denn ein solches Kräftemessen und Größenvergleichen war den Feierlichkeiten zur Taufe der Transporter vorbehalten Bild: ESO

Otto und Lore treten ihre lange Reise rund um den Globus ins Hochland von Chile an, zunächst über heimische Straßen vom Scheuerle-Werk in Pfedelbach zum Binnenhafen Heilbronn am Neckar. Mit 10 m Breite verlangte der „Transport der Transporter“ sorgsame Planung und vereinnahmte mehr als drei Fahrspuren Bild: ESO

Die Fahrersitze sind so konstruiert, dass ihre Rückenlehnen bei Bedarf Raum für Sauerstoffflaschen bieten, die die Fahrer möglicherweise auf dem Rücken tragen. Nur so ist gewährleistet, dass die Fahrer jederzeit aussteigen können – mit einer Überdruckkabine wäre das hingegen nicht möglich.

Es verwundert kaum, dass beide Transporter ausserdem noch als mobile Kleinkraftwerke fungieren. Beim Umsetzen der Antennen auf dem Plateau soll nämlich die komplizierte Kryotechnik (Tieftemperatur-Meßtechnik) tief im Antenneninneren unbedingt betriebsfähig gehalten werden. Deshalb speisen die Transporter während der Fahrt bei Bedarf ihre aufgenommene Antenne durch den Bordgenerator mit Strom. Faszinierend ist, dass die beiden Schwertransporter maßgebliche, ja unverzichtbare Bestandteile des gesamten ALMA-Projektes sind. Man darf sogar unumwunden behaupten, dass die Transporter die praktische Durchführung dieses Projektes erst ermöglichen. Sowohl der Transport der 66 Radioteleskope – von gerade noch menschenfreundlicher Höhenlage in unbequeme und kaum erträgliche 5 km Höhe über dem Meeresspiegel – als auch das zukünftige regelmäßige Umsetzen der Radioteleskope sind nur möglich durch ausgefeilte, weltweit Maßstäbe setzende Technik aus Deutschland!

Am 3. und 4. Dezember 2007 lernten Otto und Lore mit Hilfe eines Autokranes das Schweben, um im Hafen von Heilbronn an Bord eines Ponton-Binnenschiffes zu gelangen. Unter dem schwebenden Otto ist bestens die technisch ausgefeilte, sehr kräftige Leichtbauweise zu erkennen, dank der jeder Transporter nur 130 t Eigengewicht auf die Räder bringt Bild: ESO

Otto hat es sich schon auf dem Deck des Spezialpontons gemütlich gemacht, nun folgt – vorsichtig herangeschwebend – Lore. Hinter den Teleskopstützen des großen Autokranes sind die Cummins-Motoraggregate und die Stromerzeuger zu sehen, die zur Minderung der Transporthöhe demontiert wurden Bild: ESO

Auch Lore hat auf dem flachen Deck Platz gefunden und wird nun sicher verzurrt. Währenddessen werden die insgesamt vier Antriebs-Hydraulik-Module und die beiden Generatoren sowie Kleinteile verladen. Die Flußfahrt nach Rotterdam kann beginnen; dort werden Otto und Lore in ein hochseetaugliches Frachtschiff umgeladen Bild: ESO

Nach der Ankunft im Hafen von Mejillones im Norden Chiles erwartete Otto und Lore eine weitere lange und beschwerliche Fahrt über öffentliche Straßen nach San Pedro de Atacama und dann zum Ausrüstungs- und Basislager Operations Support Facility (OSF) in 2900 m Höhe. Dabei ging es oft mehr als eng zu, hier beispielsweise im Tal Valle de Luna, da die Straßen nicht für 10 m breite Schwertransporte vorgesehen sind Bild: ESO

ALMA in extremer Wüstenhöhe

Wer weiß schon, um was es sich bei ALMA handelt? Auch das Googeln im Internet bringt wenig Aufschluss. Bei dem Wort Alma könnte zunächst an den weitläufigen Begriff Alma Mater gedacht werden, was aus dem Lateinischen stammt und für gütige oder nährende Mutter steht. Damit sind bei uns meist Universitäten gemeint, weil dort die Studenten mit Wissen und Bildung genährt werden.

Bei ALMA dreht sich hingegen alles um Superlative: ALMA wird das mit Abstand größte Antennenfeld der Welt sein, ALMA soll das leistungsfähigste Radioteleskop aller Zeiten werden, ALMA soll in bestimmten Konfigurationen eine zehnmal größere Auflösung erzielen als das berühmte Weltraumteleskop „Hubble".

ALMA wird derzeit – nicht zuletzt mit tatkräftiger Unterstützung der Scheuerle-Transporter – auf dem Chajnantor-Hochplateau in Chile errichtet. Das Plateau bietet nicht nur ausreichend Platz für 15 x 15 km Fläche, sondern auch ideale Bedingungen. Die große Höhe von 5100 m in einer der trockensten Gegenden der Welt und die extrem dünne Luft minimieren den störenden Einfluss von atmosphärischer Luftfeuchtigkeit, was den astronomischen Forschungen bisher unerreichte Präzision verleiht.

Jetzt soll das Rätsel gelöst werden: ALMA steht für Atacama Large Millimeter Array, doch auch mit der deutschen Übersetzung „Atacama Große Millimeter-Anordnung" können nur wenige etwas anfangen. Im Fachjargon wird ALMA als Radioobservatorium bezeichnet, dass speziell für den sogenannten Millimeter- und Submillimeterbereich ausgelegt wird, womit die zu erforschenden Wellenlängen zwischen 0,3 und 9,6 mm gemeint sind. Aber gerade diese Wellenlängen werden durch die Wasser- und Staubmoleküle in der Erdatmoshöre „blockiert". Hier hilft die große Höhe und extreme Trockenheit auf dem Hochplateau.

Die Anlage besteht aus vielen Einzelantennen, die nach dem Prinzip der Interferometrie zusammengeschaltet werden. Die Transporter übernehmen das Umsetzen und die Positionierung der Radioteleskope auf ihren Fundamenten. Dadurch können beispielsweise alle Radioteleskope in Reihe geschaltet werden und nun in der Funktion einer einzigen Antenne unvorstellbare Reichweiten erzielen. So gilt das Antennenfeld ALMA als ein einziges Forschungsinstrument, dass irgendwann einmal sogar von 66 auf 80 Antennen erweitert werden könnte.

Um die enormen Datenmengen bewältigen zu können, wird das ALMA-Observatorium mit einem speziellen, maßgeschneiderten Hochleistungsrechner ausgestattet, einem „Correlator", der pro Sekunde unvorstellbare 16.000 Millionen Millionen Operationen durchführen kann. Das sind 16 Billiarden oder, mathematisch ausgedrückt, $1{,}6 \times 10^{16}$ Rechenschritte.

An ALMA beteiligen sich viele Nationen rund um den Globus, da das Projekt zielstrebig in die Zukunft der Astronomie führt. ALMA ist eine Partnerschaft zwischen den 14 europäischen ESO-Nationen, den Vereinigten Staaten und Kanada, Japan, Taiwan sowie Chile. Untersucht werden sollen Vorgänge und Molekülbildungen in zig Tausenden von Lichtjahren entfernten Gas- und Staubwolken, die sich verdichten und so neue Sterne bilden können. Zudem wird ALMA nach sehr jungen Galaxien suchen und nach organischen Verbindungen in Gaswolken, deren Bausteine auch zur Entstehung des Lebens auf der Erde geführt haben könnten.

Wer je in Höhen von über 3000 m ausgiebig wanderte oder kletterte, kennt es: Die Luft ist dünn, das Atmen fällt schwer, der Körper dehydriert und erschöpft alsbald. Deshalb müssen die Arbeiter, die in über 5000 m Höhe ALMA errichten, hier ein Antennenfundament, besonders akklimatisiert sein. Viele tragen Gesichts- oder gar Vollschutzmasken Bild: ESO

Groß und breit ist die „Garage“ für Otto und Lore, ein eigens für die Transporter errichtetes Schutzdach unmittelbar neben dem OSF (Operations Support Facility) in 2900 m Höhe. Da es in Äquatornähe ohne lange Dämmerungsphase gegen 18 Uhr sehr schnell dunkel wird, müssen viele Arbeiten bei Kunstlicht durchgeführt werden Bild: ESO

Unter dem Schutzdach erfolgt die Endmontage der beiden Transporter, wobei sich auch die Monteure an die große Höhe von 2900 m akklimatisieren mussten. Die Anzahl der Komponenten und das komplexe Feinabstimmen der vielen Baugruppen aufeinander gelten als beachtliche Herausforderung, handelt es sich bei Otto und Lore doch um einmalige Sonderkonstruktionen Bild: ESO

Während Otto und Lore für ihre ersten Transporte vorbereitet werden, geben andere Monteure den ersten Radioteleskopen den letzten Feinschliff, oft ebenfalls in der abends schnell hereinbrechenden Dunkelheit. Die Scheinwerfer malen dann eigentümliche Schatten auf die Parabolschüsseln der Antennen Bild: ESO

Im März 2009 folgt für die ESO-Mitarbeiter ein besonderer Moment, denn eine Volvo-Zugmaschine bringt auf einem Tieflader die Basis der ersten aus Europa stammenden Antenne zum OSF-Gelände. Weitere vorgefertigte Antennen stehen links schon für den Transport auf das Chajnantor-Hochplateau bereit Bild: ESO

Schwere Krantechnik ist auch bei der Montage der zweiten europäischen Antenne gefordert; ein Grove-Teleskopkran aus Wilhelmshaven (aus ehemaliger Krupp-Fertigung) leistet Hilfestellung, um die Parabolschüssel auf die bereits montierte Dreh- und Schwenkbasis aufzusetzen (ganz rechts im Bild) Bild: ESO

Die Endmontage der angelieferten Antennenmodule erfordert viel Know-How, Sorgfalt und allerlei Hilfsmittel wie Hubarbeitsbühnen und Autokrane, hier übrigens ein anderer Grove-Teleskopkran. Präzisionsarbeit ist gefragt; schließlich müssen die Antennen später um Bruchteile von Millimetern justierbar sein Bild: ESO

Das Schutzdach bei dem OSF bietet ausreichend Platz, um letzte Einstellungen und Feinarbeiten an Otto und Lore vornehmen zu können und die Transporter versuchsweise etwas manövrieren zu lassen. Beim bald bevorstehenden ersten Antennentransport muss alles reibungslos klappen ... Bild: ESO

Um das in 16 km Entfernung, aber 2200 m höher befindliche Chajnantor-Hochplateau mit 10 m breiten Transportern erreichen zu können, ist der Bau einer 28 km langen Straße unumgänglich. Hier wird an der 12 m breiten Schotterpiste in etwa 4500 m Höhe gearbeitet, also in Höhe des höchsten Alpengipfels, des 4810 m hohen Mont Blanc Bild: ESO

Schwertransporter in 4000 m Höhe – die erste spannende Testfahrt im April 2008. Während Otto noch frei von aller Last vorausfahren darf, hat sich Lore bereits einen 115 t wiegenden „Antennen-Dummy“ aufgeschultert. Otto testet gewissermaßen vorab Kurven und Straßenverlauf, Lore die Befahrbarkeit mit vollem 245-t-Gesamtgewicht Bild: ESO

Ein großer Moment: Erstmals wird von einem der beiden Transporter eine Antenne bewegt! Lore kommt die spannende Aufgabe zu, eine der vorgefertigten Antennen zu greifen und vorsichtig zunächst einige Zentimeter in die Höhe zu wuchten. Dann sollen die ersten Fahrbewegungen mitsamt 120 t Antennenlast folgen … Bild: ESO

Am 8. Juli 2008 ist es soweit – die erste 12-m-Antenne bewegt sich, Lore rollt langsam, aber zuverlässig brummend los. Diese echten Transporttests verlaufen erfolgreich, so dass den vielen zukünftigen Antennentransporten der Schrecken genommen wird. Technik und Konzept stimmen, Planung und Konstruktion waren genau richtig Bild: ESO

Sonnenaufgang und lange Schatten, noch stehen Lore und Otto in Warteposition neben einer der fertigen ALMA-Antennen. Im Hintergrund ragt der über zig Kilometer weithin sichtbare Vulkan Licancabur in den wolkenlosen Himmel. Große Aufgaben warten, die Spannung steigt: Bald soll der erste reguläre Antennentransport erfolgen Bild: ESO

Links: **Langsam, fast wie ein Raubtier, schleicht sich Otto an seine kostbare Fracht heran. Die Haltevorrichtungen für die Antenne sind auf beiden Rahmenseiten heruntergefahren, die Kolben der Hydraulikzylinder blinken im Sonnenschein. Schön zu sehen sind in dieser Perspektive der Reservereifen und der Bordkran für einen eventuellen Reifenwechsel.** Rechts: **Dieser Blick bietet sich dem Fahrer von Otto, wenn der Transporter gemächlich an die aufzunehmende Antenne heranfährt. Jederzeit kann allerdings auch auf Funkfernsteuerung umgestellt werden, um den Transporter möglichst präzise an die Antennenfundamente zu dirigieren, deren drei Halterungen jeweils gerade mal so groß wie ein Handteller sind** Beide Bilder: ESO

Mit großer Präzision wurde das erste 12-m-Radioteleskop aufgenommen. Mit einem Bordgenerator kann Otto die Antenne während der Fahrt mit Strom versorgen, damit die komplizierte Tieftemperatur-Meßtechnik nicht abgeschaltet werden muss. Im Vordergrund wird die komplexe Bauweise der empfindlichen Antennen deutlich Bild: ESO

Die lange 28-km-Fahrt kann beginnen: Nach einem ausführlichen Systemcheck werden die Bremsklötze, die Otto festhielten, entfernt, und die beiden 1360-PS-Motoren von Cummins dröhnen los. Weich beschleunigt der Hydrostatikantrieb von Rexroth auf das zulässige Höchsttempo mit Last, auf 12 km/h Bild: ESO

Links: **Rund 1000 m höher als das Basislager durchquert die Straße eine Hochsteppe, die von etwa 4000 bis 4800 m Höhe reicht und ebenso karg wie endlos wirkt. Es hat den Anschein, dass hier nichts mehr anderes existiert als „coirón“, die charakteristische Gras- und Kräutervegetation dieser Gegend.** Rechts: **Immer höher geht's hinauf, die sparsame Vegetation weicht mehr und mehr zurück, und die Landschaft wird noch karger. Klein, einsam und verloren wirkt Otto in dieser gewaltigen Landschaft. In der Ferne sehen wir aber schon das Ziel des Transportes, die ALMA-Baustelle und wenigen Spuren der Zivilisation in rund 5100 m Höhe** Beide Bilder: ESO

Bei einem regulärer Stop werden unterwegs die Haltevorrichtungen für die Antenne überprüft, zudem die Stromversorgung durch den Bordgenerator des Transporters, um die komplexen kryogenischen Systeme (Tieftemperatur-Meßtechnik) der Antennen am Leben zu erhalten. Was später Routine werden soll, verlangt jetzt noch viel Aufmerksamkeit

Bild: ESO

Gesamtansicht des Hochplateaus von Chajnantor in 5000 bis 5200 m Höhe, dem Ziel des Transportes. Etwas unterhalb der Bildmitte steht, kaum zu erkennen und etwas verloren wirkend, ein Radioteleskop, das aus der Ferne leicht mit Restschneeflecken zu verwechseln ist. Der Hintergrund wird von den riesigen Minerallagern des Cerro Toco überragt

Bild: ESO

In ebenso grandioser wie trostloser Kulisse setzt Otto auf dem Chajnantor-Plateau seine erste Antenne ab – ein seltsames Bild im Hochgebirge! Denn mehr als 5000 m Höhe ü.d.M. dürfen trotz der wenig spektakulären Bergzüge durchaus als Hochgebirge gelten, eine Höhe, in die nur wenige Menschen in ihrem Leben gelangen

Bild: ESO

Links: **Die erste 12-m-Antenne steht sicher auf dem Fundament, und Otto hat sich bereits einige Meter entfernt. Nun gilt es, die Stromversorgung und die Funktionen der komplexen Antennentechnik samt der Präzisionssteuerung für Neigung und Schwenken zu überprüfen und mit der Zentrale im OSF zu koordinieren.** Rechts: **Was anfänglich sehr aufregend war und viel Pioniergeist verlangte, wandelt sich unmerklich zur Routine. Die beiden Transporter sind ein vertrauter Anblick im Umfeld des OSF, Lore steht bereit für einen weiteren Antennentransport, mehrere Antennen warten schon fertig montiert auf ihre Reise zum Hochplateau**

Beide Bilder: ESO

Links: **Wieder mal, hier am 2. April 2010, nimmt Lore eine neue 12-m-Parabolantenne am OSF auf, um die beschwerliche Fahrt über 28 km Strecke mit Steigungen von bis zu 10 Prozent anzutreten. Immerhin setzen sich bei jedem Transport um die 250 t Gesamtgewicht in Bewegung, und das in lebensfeindlicher Umwelt, wo ansonsten überhaupt keine Technik anzutreffen ist.** Rechts: **Mit Höchstgeschwindigkeit von 12 km/h kommt Lore in 5100 m Höhe mit einer weiteren 120-t-Last „angerauscht", zwar nach gemächlicher, aber zuverlässiger Fahrt. Man bedenke: Alle Transporte werden in Höhen durchgeführt, wo fast nie Motoren arbeiten und in die sich in anderen Gebirgen nur wenige Bergsteiger wagen**

Beide Bilder: ESO

Links: **Im März 2010 wurden drei Antennen, die bereits auf dem Hochplateau positioniert waren, von Lore aufgenommen und weiter in Richtung Zentrum umgesetzt, um sie näher zusammenzubringen. Dies ist für ausgiebige Tests der Antennenleistung und der Stabilität des Gesamtsystems unerlässlich. Übrigens trägt die Person in der Bildmitte Sauerstoffflasche und Atemmaske.** Rechts: **Wenn ALMA in einigen Jahren in die Weiten des Kosmos lauschen wird, werden die beiden Transporter die Teleskopantennen über Distanzen von 150 m bis hin zu 16 km regelmäßig umsetzen und so jederzeit durch variierte Antennenanordnungen optimal an andere Forschungsprojekte anpassen können. Das Konzeptbild zeigt noch einen älteren Transporterentwuf auf Lkw-Sattelzug-Basis**

Beide Bilder: ESO

Sarens: Brückentausch im Doppelpack

von Wolfgang Weinbach

Der Kölner Autobahnring mit seiner Länge von rund 52 km ist im Netz der Bundesautobahnen (BAB) ohne Zweifel als ein wichtiger Knotenpunkt zu bezeichnen. Hier führt die Autobahn 1 (A1) linksrheinisch um Köln herum und stellt im weiteren Verlauf eine wesentliche Verbindung in den Norden Deutschlands her. Auf Kölner Gebiet ist die bislang vierstreifige Strecke seit den 1980er Jahren vollkommen überlastet und seither schon bei kleinen Verkehrsstörungen ständig mit Staus belegt. Der sechsstreifige Ausbau ist bereits seit einigen Jahren im Gange, wird allerdings inklusive einer aufwändigen rund zwei Kilometer langen Abdeckelung (Lärmschutzeinhausung) voraussichtlich noch bis ins Jahr 2011 andauern.

Im Kölner Süden verläuft die A4, die als wichtigste Verbindung Deutschlands mit den westlich gelegenen Benelux-Staaten Belgien und Niederlande anzusehen ist. Der sechsstreifige Ausbau dieser Trasse ist bereits vor einigen Jahren erfolgt.

Die im Osten Kölns gelegene A3 schließlich verbindet insbesondere das Ruhrgebiet mit dem südlichen Teil der Republik. Auch hier hemmte über Jahrzehnte die nur vierstreifige Auslegung den Verkehr. Teilstücke waren zwar unter Inkaufnahme einer reduzierten Fahrbahnbreite (Geschwindigkeitseinschränkung) und des Verlustes eines Pannenstreifens für drei Fahrtrichtungsspuren angepasst worden, Abhilfe bei der Stauvermeidung schaffte dies jedoch nicht.

Bereits Ende 1937 wurde die damalige Reichsautobahn im Abschnitt von Köln-Mülheim dem Verkehr übergeben. Inzwischen ist dieser Bereich der A3 zwischen dem Autobahnkreuz Leverkusen im Norden und dem Autobahndreieck Köln-Heumar mit täglich 150.000 Fahrzeugen der meist befahrene Autobahnabschnitt in Deutschland. Im Bereich Heumar treffen zudem die Autobahnen A3 (aus Frankfurt kommend), A4 und A 59 aufeinander und leiten im weiteren Verlauf den Verkehr auf den Engpass Köln-Mülheim zu. Der dortige Ausbau auf jeweils 4 Fahrspuren in jede Richtung war zudem nach Prognosen für einen weiteren Verkehrsanstieg unausweichlich geworden. Das umfangreiche Straßenbauprojekt wurde schließlich nach der Jahrtausendwende, aufgeteilt in mehrere Teilabschnitte, in Angriff genommen. In dem bereits fertig gestellten Bereich zwischen Heumar und der Anschlussstelle Köln-Dellbrück hatte man dabei auch diverse Brü-

Der KRUPP-Industriekran vom Typ 12 GMT-I (12 t Traglast) wurde ursprünglich im Jahre 1984 mit einem olivgrünen Anstrich in Betrieb genommen. Das Bundesamt für Wehrtechnik und Beschaffung (BWB) bestellte Anfang der 1980 Jahre insgesamt 43 dieser Geräte für die verschiedenen Bundeswehr-Standorte. Die Firmenfarben des aktuellen Betreibers ließen darauf schließen, welcher Schwerlastspezialist mit dem bevorstehenden Brückentausch beauftragt worden war

cken für Straßen- und Straßenbahnverkehr komplett zu erneuern und den hinzugekommenen Fahrspuren anzupassen.

Hinter der Anschlussstelle Dellbrück gab es in nördliche Richtung gesehen diverse weitere Hindernisse, die es seit Arbeitsaufnahme in diesem Abschnitt zu überwinden gilt. So sind dort aufgrund der teilweise dammartigen Anlegung der A3 umfangreiche Aufschüttungen notwendig. Auch stehen noch einige Straßenbrücken dem Ausbau im Wege, die in den folgenden Jahren entsprechenden Neubauten weichen müssen.

Hinzu kam eine überaus wichtige und stark frequentierte Eisenbahnstrecke, die die A3 im Bereich Köln-Mülheim überquert. Die zwei vorhandenen genieteten Stahlbrücken stammten noch aus dem Jahr 1938 und überspannten die Autobahn inklusive mittiger Stützpfeiler als Teil der wichtigen Bahnverbindung Köln-Wuppertal. Hier passierten insbesondere zahlreiche schwergewichtige Güterzüge die schon betagten Bauwerke in kurzer Folge. Daneben wird diese Autobahnüberführung auch vom Regionalverkehr der Bahn stark befahren. Die ICE-Strecke Köln-Berlin führt gleichfalls über die beiden Relikte aus der guten alten Dampflokzeit.

Mit der Erneuerung der zwei Gleisbrücken sollte natürlich auch der störende Mittelpfeiler entfallen, was eine entsprechende Dimensionierung der neuen Stahlbauwerke nach sich zog. Seit Sommer 2008 wurden nunmehr beiderseits der A3 vor Ort zwei gewaltige Fachwerkbrücken errichtet, die es nach Fertigstellung im November 2009 jeweils einzubringen galt. Von den planenden Stellen waren umfangreiche Vorbereitungen zu treffen. In Abstimmung zwischen Straßen-NRW, der DB-AG und zahlreichen beteiligten Baufirmen mussten zwei Wochenenden gefunden werden, an denen beide Verkehrsverbindungen komplett gesperrt werden konnten. Das Zeitfenster für die erforderlichen Brückenabrisse und die Einbringung der neuen Stahlbauwerke war dabei äußerst knapp bemessen. Die Sperrungen der Autobahn dauerte für die zwei Wochenendarbeiten jeweils von Freitagabend 22:00 Uhr bis Montag Früh gegen 6:00 Uhr. Die Bahnverbindung war im Vorfeld beziehungsweise im Nachlauf jeweils noch rund 3 Stunden länger unterbrochen.

Die erste der beiden imposanten Brücken hat eine Länge von 76 Metern, eine Breite von 10 Metern und eine Höhe von 8,5 Metern. Das Gesamtgewicht beträgt rund 750 Tonnen. Die Stahlkonstruktion wurde dabei unmittelbar neben der Eisenbahntrasse im rechten Winkel zu der zu überquerenden Autobahn gebaut. Der Bauplatz lag infolgedessen rund 5 m über dem Straßenniveau, wobei man das Bauwerk zur erforderlichen Unterfahrung geeigneter Transportachsen auf niedrigen Stahlsockeln erbaut hatte. Wenige Tage vor der geplanten Einbringung wurde an dem zur Autobahn angrenzenden Brückenende das Erdreich abgetragen, so dass dort die erforderliche Unterbauung mit Kamag-Selbstfahrern (2 x 12 Achsen parallel) und aufgebrachter Stahlgerüstkonstruktion möglich war. Diese Schwerlastmodule wurden dabei von dem belgischen Schwerlastspezialisten SARENS bereit gestellt. Auf dem hoch gelegenen Bauplatzniveau wurden gleichfalls solche Kamag-Achsen (2 x 10 Achsen parallel) unmittelbar unter der Brücke eingefahren und die Last von diesen aufgenommen. Nach Aushub der alten Stahlbrückenteile und größtmöglicher Beseitigung des bisherigen Stützpfeilers wurde die 750 t-Last gegen Samstagmittag langsam auf die Autobahn gefahren. Dabei übernahm ein drittes Kamag-Paket (2 x 12 Achsen parallel) auf Autobahnniveau und ebenfalls mit einer tragfähigen Gerüstkonstruktion versehen, das Brückenbauwerk.

Für den angesprochenen Aushub der alten Brückenteile hatte die ortsansässige Firma Colonia zuvor in der ersten „Aktionsnacht“ einen 400 t Liebherr-Kran LTM 1400 7.1 und einen 500 t Terex-Demag-Kran vom Typ AC 500-2 zum Einsatz gebracht. Zunächst hatte man allerdings die Fahrbahndecke der Autobahn mit einer belagschonenden Kies- und Sandschicht bedeckt. Zahlreiche Hydraulikbagger, Radlader und Kipperfahrzeuge entfernten anschließend den alten Gleisschotter und beseitigten die bisherigen Brückenpfeiler. Schließlich wurde der neue Pistenbelag mittels Grader und Vibrationswalze präpariert und mit zahlreichen Stahlplatten für die bevorstehende Befahrung der Kamag-Achsen verstärkt.

Nach Fertigstellung der „provisorischen Fahrbahn“ konnte die neue Fachwerkbrücke die Autobahn bei strömendem Regen überqueren und die entstandene Lücke in der Bahntrasse wieder schließen. Nachfolgend musste auf der eingleisigen Bahnbrücke erneut Schotter verteilt und die Oberleitung montiert werden. Pünktlich gegen 6:00 Uhr am Montag in der Früh konnte die A 3 wieder freigegeben werden.

Zwei Wochenenden später, zwischen dem 20. und 23. November 2009, wiederholte sich das Schauspiel. Diesmal hatte es der Wettergott allerdings

Kam der eigentliche Brücken-Transporteur Sarens auch aus Belgien, für die Anlieferung der Kamag-Schwerlastmodule waren auch niederländische Firmen aktiv. Das Vierachs-Modul hat ein Eigengewicht von 17 t bei einer möglichen Ladekapazität von immerhin 119 t

Vorteil der nur 2,43 m breiten SPMT (Self-Propelled Modular Transporter) von Kamag ist die problemlose Verlademöglichkeit auf normalen Lkw. Die Module gibt es in Ausführungen mit zwei, vier und sechs Achslinien. Die heckseitig verladenen „Knoten-Bleche“ wurden für die Aufnahmesockel während des Brücken-Transports benötigt

Die erste Brücke wurde unmittelbar neben der Bahnstrecke errichtet. Die Aufbockung ermöglichte die Unterfahrung mit den Kamag-Modulen

wesentlich freundlicher gemeint mit dem Baustellenpersonal und den zahlreichen Schaulustigen, die teilweise in Besuchergruppen an den Brückenneubau herangeführt wurden.

Während der vergangenen Monate hatte man die zweite Brückenkonstruktion parallel zur Autobahn auf gleichem Niveau aus zahlreichen Stahlbaukomponenten zusammengefügt. In den Ausmaßen (L x B x H = 80 x 10 x 8,5 m) übertraf dieses Bauwerk mit einem Gewicht von 780 t die erste Brücke noch einmal geringfügig. Diesmal kamen lediglich zwei Kamag-Einheiten mit 2 x 10 und 2 x 12 Achslinien und den aufgebauten Traggerüsten zum Einsatz. Damit die Brücke jedoch auf diesen Gerüsten abgelassen und später zum Einbauort transportiert werden konnte, hatte man das Stahlmonstrum zunächst per hydraulischer Heber auf rund 5 Meter Höhe zu bringen. Dies geschah noch am Nachmittag vor der geplanten Autobahnsperrung. Ab 22:00 Uhr ging alles seinen bereits gewohnten Lauf. Nachdem die letzten Fahrzeuge die Brückenbaustelle auf der A3 passiert hatten, kümmerten sich wiederum die zwei 400 t und 500 t-Autokrane um die auseinander gebrannten Brücken-Altteile, die abseits der Baustelle zur weiteren Zerlegung abgelegt wurden. Anschließend bauten zahlreiche Raupenbagger und Radlader die drei ausgedienten Pfeiler sowie einige Meter Böschung zurück. Gleichzeitig wurde die Fahrbahn der A3 mit einer schützenden Sandschicht bedeckt, die von einer Vibrationswalze und lasergeführtem Erdhobel eingeebnet wurde. Eine Spezialfirma machte sich sodann daran den Fahrweg der beiden Kamag-Selbstfahrer mit unzähligen Aluminium- sowie Stahlplatten noch tragfähiger zu gestalten. Dies war dann gegen 13:30 Uhr soweit fortgeschritten, dass der Schwertransport sich auf seinen nur rund 200 m langen Fahrweg machen konnte. Nach rund der Hälfte der Strecke hatte man allerdings noch einen Halt einzulegen bis die letzten Stahlplatten an der Einbaustelle verlegt waren. Gegen 15:00 Uhr kam schließlich wieder Bewegung in den Spezialtransport der Firma Sarens und nur eine halbe Stunde später war die Brücke soweit in die Baulücke eingefahren, dass mit dem langsamen Absenken der neuen Eisenbahnbrücke begonnen werden konnte. Den Zeitplan hatte man bei dieser zweiten Brückentausch-Aktion sogar noch unterschreiten können, so dass bereits gegen 4:00 Uhr am Montagmorgen der Verkehr zumindest wieder wie gewohnt über die inzwischen geräumte Autobahn fließen konnte.

Die noch zu erneuernden drei Straßenbrücken in diesem Autobahnbereich stellen nunmehr die letzten Hindernisse dar, bevor man sich an die eigentliche Erneuerung und Verbreiterung der bald acht Fahrstreifen umfassenden A3 machen kann.

Von einem ortsansässigen Liebherr LTM 1100 wurden die SPMT und sonstige Konstruktionsteile der Lastaufnahmesockel entladen

Auf dem tiefer liegenden Autobahnniveau galt es zwei Kamag-Transporteinheiten von 2 x 12 Achslinien (oben) und 2 x 10 Achslinien zusammenzufügen

Auf dem „Hochplateau" hatte man je zwei Vierachs- und Sechsachs-SPMT zu 2 x 10 Achslinien kombiniert. Zwei sogenannte Power-Packs sorgten für die dieselhydraulische Kraftgestellung des hydrostatischen Antriebes

Mit den hydraulisch anzuhebenden Achslinien (600 mm Hub) war die Aufnahme der Brücke auf dem hoch liegenden Bauplatz kein Problem

Während das überstehende Brückenende am Tag vor dem eigentlichen Brückentausch bereits von einer Kamag-Einheit unterfahren war, wartete die zweite Einheit noch auf die Übernahme. Hierfür musste das Bauwerk jedoch während der Aktion auf den beiden unterschiedlichen Ebenen rund 40 m Richtung Autobahn vorgezogen werden. Die „Knotenbleche" der Lastaufnahme wurden zur Stabilisierung mit kräftigen Verstrebungen versehen

Auf der anderen Baustellenseite hatte man bereits den AC 500 von Colonia in Stellung gebracht. Er half während der Nacht beim Abriss der ausgedienten Brückenteile. Am Samstagmorgen war die alte Brücke zerlegt. Der 500-Tonner wurde nach getaner Arbeit abgerüstet, während sich ein halbes Dutzend Raupenbagger und Radlader über die alten Betonfundamente hermachten

Der Wettergott hatte es an diesem Abriss-Wochenende nicht allzu gut gemeint, es goss in Strömen. Zwei der Caterpillar-Raupenbagger zerlegten die Brückenpfeiler mit montiertem Hammeranbaugerät. Die im Einsatz befindlichen Cat-Hydraulikbagger waren vom Typ 330 D (200 kW-Cat-Diesel C9/272 PS) und brachten jeweils ein Einsatzgewicht von rund 37,5 t auf die verfüllte Fahrbahndecke der A3. Die in „handliche" Stücke kleingebrochenen Betonteile wurden bis zum Samstagmittag entfernt, so dass anschließend die Planierung der schützenden Kiesschicht beginnen konnte. Die Auslegung zahlreicher Stahlplatten brachte den Kamag-Modulen die benötigte tragfähige Unterlage

Die erste Neubau-Brücke (im Hintergrund) überspannte die A3 bereits erfolgreich. Rund 200 m nördlich hatte man das zweite Bauwerk, das mit 780 t noch ein wenig gewichtiger war, direkt neben der Autobahn zusammengefügt. Hier wurden wenige Tage vor dem Einbau des Stahlbauwerks noch Wartungsstege angebaut. Für den Einbau des 780 t-Teils wurden nur noch zwei solche Kamag-Einheiten benötigt

Das 3,5 t schwere Power-Pack fand hier ausnahmsweise einmal auf dem Modul seinen Arbeitsplatz

Rund 24 Stunden vor dem Einbau hatte man die neue Brücke schon einmal auf die Montagehöhe gebracht, so dass die beiden Kamag-Einheiten in Position gefahren werden konnten

Links: **Für diese Einheit wurden vier 6-Achsmodule gekoppelt.** Rechts: **Um an Fahrzeuglänge zu sparen, hatte man das Power-Pack auf der Transporteinheit platziert. Dies sollte das spätere Einfahren an der Böschungsseite vereinfachen**

Links: **Im Krebsgang schob sich langsam die zweite Einheit in Position.** Rechts: **Reichlich Hydraulik-Druckschläuche brachten das Antriebsmedium Hydraulikflüssigkeit zu den einzelnen Hydromotoren**

Links: **Für die zweite Transporteinheit hatte man jeweils zwei 4-Achs- und 6-Achsmodule kombiniert.** Rechts: **Der Mann an der Fernbedienung steuerte das tragkräftige Monstrum mit gewohnter Leichtigkeit**

Mit den äußerst beweglichen Pendelachsen ist ein Manövrieren auf engstem Raum möglich

Die alte Brücke aus dem Jahre 1938 hatte nur noch wenige Stunden, bevor sich die Schneidbrenner über sie hermachten. Auch der störende Mittelpfeiler und die allzu nah an der Fahrbahn befindlichen Brückenfundamente sollten nicht mehr lange stehen

Noch stand die 780 t schwere Konstruktion auf den provisorischen Stahltürmen, die man zum allmählichen „Höherbocken" aufgestapelt hatte. Das Klettersystem hatte eine mögliche Traglast von 250 t für jeden der vier Türme

Am Samstagmorgen wartete die Sarens-Mannschaft auf ihren großen Auftritt. Zunächst musste allerdings eine Spezialfirma die zur Fahrbahnschonung aufgetragene Kies- und Sandschicht tragfähig gestalten. Hierzu wurde eine künstliche Fahrstraße bestehend aus unzähligen Aluminium-Fahrbahnsegmenten verlegt

Die beiden Baumaschinen hatten derweil noch alle Schaufeln voll zu tun um die zerkleinerten Brückenköpfe zu entfernen

Der Cat-Radlader vom Typ 966H (23,9 t schwer, 195 kW / 265 PS Leistung) hatte mit den Betonbrocken seine Mühe

Um den Fahrbahnuntergrund für die noch zu verlegende Fahrstraße einzuebnen war dieser HBM-Erdhobel vom Typ BG190 TA-3 (18,7 t Dienstgewicht, 133 kW/181 PS) im Einsatz

Auf der anderen Brückenkopfseite hatte man noch ein wenig Platz für die kurz gehaltene Kamag-Einheit zu schaffen

Recht aufgeräumt sah die Sarens-Baustelle schon kurz vor Transportbeginn wieder aus. Die vier Hubstapel hatte man bereits wieder abgetragen

Die beiden Zweiwegebagger von Terex-Atlas (Typ 1604 ZW, 21,5 t Einsatzgewicht, 98 kW/133 PS) hatten in der Nacht zuvor den auf den Altbrücken liegenden Schotter beseitigen müssen. Ein weiterer Einsatz sollte nach dem Einbau des neuen Stahlbauwerks folgen. Zur Unterbauung der neuen Gleisanlagen war wieder neuer Schotter aufzubringen

Die Gleissperrung während annähernd drei Tagen wurde zu umfangreichen Arbeiten an der Oberleitung genutzt. Eine solche Oberleitungsmontageeinheit (auf MB 3343 Zweiwegefahrzeug) der Firma SPL war denn auch damit beschäftigt, mit bis zu 4 km/h den Fahrdraht abzuspulen

Auf der riesigen Baustelle waren noch einige Meter an „Fahrstraße" zu verlegen um dem Schwertransport den Weg zu ebnen. Die beiden 110-Tonner von Colonia entfernten derweil an den beiden neuen Brückenköpfen diverse Spundbohlen

Oberleitungsbau auf der ersten der beiden Brücken

Über den „Daumen gepeilt“ war auf der westlichen Brückenkopfseite noch ein wenig mehr Platz für die Kamag-Einheit zu schaffen und einzuebnen

Als die Alu-Fahrstraße „ausging“ wechselte man zu altbewährten Stahlplatten über. Die zweiköpfige Besatzung des Sattelzuges erledigte ihre Verlegearbeiten äußerst routiniert und sicher

Bevor die Stahlplatten allerdings verlegt wurden, hatte man das gerade präparierte Terrain noch zu verfestigen. Der Walzenzug von Bomag (Typ BW 213 DHC, 119 kW / 162 PS Deutz-Diesel) brachte seine 17,2 t Betriebsgewicht durch Vibrationsunterstützung gekonnt zum Einsatz

An anderer Stelle ging man wenig respektvoll mit der altbewährten Brückenkonstruktion um. In Handarbeit und mit Hilfe des Terex-Fuchs (Typ MHL 320) mit Mehrschalengreifer wurde das Vorkriegsrelikt in handliche Stücke zerteilt

Bei Sarens warf man gegen 14:30 Uhr die Power-Packs an. Man wollte sich der Baustelle schon einmal ein wenig nähern

Zwischendurch fand sich auch einmal Zeit für eine kleine Pause. Neben diversen Anschlagmitteln gehörte auch eine Satellitenanlage und Mountainbike zur Vollausstattung des Verlegefahrzeugs

Von Colonia kreuzte eine interessante Sattelzugmaschine der Marke DAF mit aufgebautem Hydraulik-Ladekran die Szene

Sehr gut ist der Achsausgleich bei der Arbeit zu beobachten. Augenscheinlich galt es ein wenig Quergefälle auf der Transportstrecke auszugleichen

Geradezu spielerisch gingen die beiden Kamag-Einheiten mit der imposanten Brückenkonstruktion auf die kurze Reise

Nur noch 2 x 11 Achsen waren bei der führenden Kamag-Einheit im Einsatz

Das Team der Firma MSL arbeitete zwar wieselflink, für die große Zahl an zu verlegenden Stahlplatten musste jedoch zwischendurch einige Male nachgeladen werden

Auf halber Strecke musste man seitens Sarens noch einmal einen Halt einlegen. Die Verlegung der letzten Meter Fahrstraße sollte noch gut eineinhalb Stunden dauern

Der LTM 1100 hatte seinen Job erledigt. Zunächst im Krebsgang ging es Richtung Wochenende

…und da fehlte auch noch eine Platte. Der zweite LTM 1100 hatte auf der Ostseite noch zu tun

Um 15:50 Uhr wurde endgültig die letzte Stahlplatte verlegt

Um 16:00 Uhr wurde freie Fahrt gewährt. Langsam näherte sich das 780 t-Teil der kleineren Schwester (750 t), über die in den letzten zwei Wochen schon einige Züge gerollt waren

Unterschiedliche Anbringung der zwei Power-Packs an der hinteren Kamag-Einheit. An der vorderen Transporteinheit sahen die Lenkeinschläge kurz vor der Einbaustelle noch ein wenig unkoordiniert aus. Dies sollte sich jedoch schnell ändern

Langsam wurde es spannend. Jetzt musste sich zeigen ob die neue Brücke in die Lücke passte

In Querfahrt rangierte man vorsichtig zwischen die neuen Brückenköpfe. Derweil wurde die nur kurz benötigte Fahrstraße bereits wieder abgetragen

Mit dem DAF-Gespann wurden leichtere Transportarbeiten ausgeführt

Während im Hintergrund die neue Brücke eingebracht wurde, hielt man sich bei Sarens nicht allzu lange mit der Beobachtung des Geschehens auf. Da solche Schwermontage zur Alltagsroutine zählt, beschäftigte man sich bereits mit der Verladung des umfangreichen Schwerlast-Equipments

Nur noch wenige Meter und die Brücke „sitzt, passt und hat Luft". Im ansonsten farblich stimmigen Sarens-Fuhrpark fielen die orangen Hubarbeitsbühnen auf der Baustelle auf

In Millimeterarbeit bewegte sich die Brücke der endgültigen Endlage entgegen. Letzten Endes war es trotz aller Technik einmal mehr dem gekonnten „Fingerspitzengefühl" des Menschen überlassen, für einen erfolgreichen Abschluss der Aktion zu sorgen

Rawcliffe aus England

von Tim Cotton

Das Unternehmen JB Rawcliffe aus Skelmersdale im Nordwesten Englands arbeitet seit 1960 im Bereich Schwerlast und verfügt damit über mehr als 50 Jahre Erfahrung im Transportieren von schweren Gütern und Lasten. Rawcliffe hat eine Vielzahl schwerer moderner Zugmaschinen von MAN, Volvo, Mercedes-Benz und Scania im Fuhrpark.

Außerdem ist Rawcliffe ausgestattet mit einer breiten Palette von Sattelaufliegern und Tiefladern bis hin zum Nicolas Auflieger mit modularen Drehgestellen. Erst kürzlich schaffte das Unternehmen ein eigenes hydraulisches Portal an, das in der Lage ist, bis zu 500 Tonnen zu heben. Das hilft der Abteilung für das Installieren von Maschinen, die neben dem Schwerlastbereich der Firma arbeitet. Wenn Lasten, wie etwa Transformatoren, erst einmal an ihrem Bestimmungsort ausgeliefert sind, werden sie mit Hilfe der firmeneigenen Spezialwerkzeuge in ihre endgültige Position gerückt und gehievt.

Die stets gepflegte Flotte von Rawcliffe gibt mit ihrem charakteristischen Grün auf den Straßen Englands und Europas ein attraktives und unverwechselbares Erscheinungsbild ab.

Mercedes Actros Titan im Jahr 2005 mit einem unter einer Plane geschützten Gas-Turbinen Generator

Mercedes Actros Titan mit ausziehbarem Flachbett-Sattelauflieger, der den Sockel eines Gasturbinenmoduls transportiert

Scania 143E, registriert unter der Nummer N1 KJR, der inzwischen verkauft wurde

Scania 144G mit einer 46 t Absaug-Gebläse ...

... auf dem Weg zu einer Papierfabrik

Scania 143E mit ausziehbarem Flach-Sattelauflieger, der lange Dachstreifen aus Aluminium befördert

Der Nicolas Achsanhänger wird außerhalb des Rawcliffe-Geländes getestet

Ballastierte MAN und Scania ziehen als Zuggespann einen Nicolas Sattelauflieger, der mit einem Transformator beladen ist

MAN TG-A-660 mit 250 t Fassungsvermögen

Der MAN TG-A hat einen 42 t Kran am Heck und wird eingesetzt zur Installation von Maschinen

Zwei MAN TGX 6x4 ergänzen neuerdings die Fahrzeugflotte bei Rawcliffe

Baumann Bonn

Mit 50 Achsen und 761 Tonnen unterwegs

von Thorge Clever

Im bayrischen Irsching baut der Energieversorger EON ein neues Kraftwerk. Die Großkomponenten wie Turbinen und Generatoren bilden den schwierigsten Teil der Baustellenlogistik. Als nächster Binnenhafen kommt Kelheim in Frage, aber die Distanz von 41 km muss mittels Tiefladern über die Straße zurückgelegt werden.

Die ersten Komponenten wurden in altbewährter Form mit Plattformwagen transportiert. Dadurch hatte man eine so große Transporthöhe, dass die direkt nach Irsching führende und gut ausgebaute B 16 wegen zu niedriger Brückenunterführungen nicht befahren werden konnte. Konsequenz war eine Strecke über schmale Landstraßen und durch enge Dörfer. Mehrere schwache Brücken mussten aufwändig überbaut und unterstützt werden. Die gesamte Reise dauerte fast eine Woche und die Streckenvorbereitungen waren enorm.

Bei der letzten Anlieferung eines 428 t schweren Generators kam alles ganz anders. Den Zuschlag hatte diesmal Baumann erhalten. Die Idee war der Einsatz einer Hubhebel-Kesselbrücke, die einerseits im angehobenen Zustand weitere Achslinien zur Achslastreduzierung unter die Ladung stellen kann, andererseits diese Achslinien vor Unterführungen entfernen und die Ladung ganz absenken kann. Auf diese Weise kann mit wenigen Streckenarbeiten der Transport auf der B 16 innerhalb von drei Tagen durchgeführt werden.

Durch den Einsatz der derzeit stärksten Kesselbrücke Deutschlands und einer Vielzahl von Achslinien entsteht so ein nicht alltäglicher und imposanter Schwertransport von 91 Metern Gesamtlänge und 761,5 t Gesamtgewicht. Gezogen wird der Tross von zwei Mercedes-Benz Titan 8x6 Zugmaschinen. Die Greiner-Kesselbrücke ruht auf zwei 16-achsigen Goldhofer THP Plattformwagen und mittig unter dem Generator ist ein 10-achsiger Scheuerle SPMT Selbstfahrer positioniert.

Im Kelheimer Hafen wird die Kombination probeweise mit den zusätzlichen Achsen versehen und die Kesselbrücke getestet

Zur Reduzierung der Achslasten wird mittig ein Selbstfahrer von Scheuerle platziert. Durch vorsichtiges Absenken der Kesselbrücke erhält er exakt die Belastung, die zur gleichmäßigen Achslastverteilung benötigt wird

Ab 19 Uhr darf der Transport auf die Straße rollen. Zunächst geht es durch die Hafenausfahrt ein paar hundert Meter geradeaus

Die gewaltigen Kopfträger der Kesselbrücke wurden mit Verlängerungsstücken versehen, damit ein 16-achsiger Plattformwagen darunter passt. Mehr Achslinien wären nicht möglich, da bei noch längeren Kopfträgern die Nutzlast nicht ausreichen würde

Die Hafenausfahrt steigt etwas an. Um mehr Traktion zu bekommen, wird die hintere Schubmaschine rückwärts angekuppelt

Anschließend geht es quer über eine Kreuzung zur Auffahrt auf die B 16. Weil diese Kreuzung eine Kuppe hat, muss der SPMT zuvor unter der Ladung entfernt werden. Der Hub der Kesselbrücke hätte als Höhenausgleich nicht ausgereicht

Der hintere Plattformwagen fährt schräg nach oben, während die Kesselbrücke sich bereits wieder bergab bewegt

Wenn man den hydraulischen Achsausgleich eines 16-Achsers beobachtet, erkennt man die zu überwindende Kuppe genau

Jetzt geht es im Rückwärtsgang über die Ausfahrt auf die B 16

Auf der voll gesperrten B 16 angelangt geht es ein paar Meter entgegen der Fahrtrichtung auf die Hauptfahrbahn.

Nachdem die hintere Zugmaschine die Richtung gewechselt hat, geht es endlich geradeaus weiter. Der SPMT wird nicht untergefahren, denn nach 100 m kommt die erste Brücke, die nur abgesenkt unterfahren werden kann

Der Generator wird fast bis auf Straßenniveau abgesenkt, so kann die Brücke ohne Kratzer unterquert werden.

Der hintere Kopf der Kesselbrücke. Vier Hydraulikzylinder sind an jeder Seite zum Heben und Senken notwendig.

Im weiteren Verlauf der B 16 wird der Selbstfahrer wieder eingesetzt. Hier beim Überqueren einer Bahnbrücke

Mit Selbstfahrer zählt der Anhänger 42 Achslinien, wobei die Last auf 16,46 t pro Achslinie verteilt wird

Der Steuermann des Selbstfahrers muss jede kleine Lenkbewegung der Kesselbrücke nachvollziehen

In dieser Konstellation bewegt sich der Transport über die B 16 bis Münchsmünster …

... dafür ist die ganze Nacht vorgesehen

Am Etappenziel wird der Transport auf der B 16 abgestellt und der Verkehr durch eine Ampel geregelt. Damit während der Pause die Räder keine Dellen im Asphalt hinterlassen, wurde extra eine 100 m lange Blechtrasse auf der Fahrbahn verlegt

Am nächsten Mittag geht es weiter Richtung Vohburg. Zunächst noch ein kleines Stückchen über die vielbefahrene B 16

Der SPMT wird leer bis hinter die Brücke gefahren.

Langsam und unter ständiger Beobachtung wird der Generator unter der Brücke durchbugsiert

Hinter der Brücke wird die Ladung wieder angehoben und der Selbstfahrer seitlich darunter gefahren

Weiter geht es bis zur nächsten Brücke. Bei der Vielzahl von Brücken wird das Absenken zu einer Geduldsprobe

Wieder wird der Selbstfahrer entfernt, nach ungefähr zehn Brücken ist es mittlerweile eine eingespielte Prozedur

Langsam wird der Transport bis vor die Brücke gefahren, wo die Transporthöhe nochmals genau eingestellt wird

Der Generator schwebt knapp über der Asphaltdecke. Nur so können die Unterführungen durchfahren werden

Die letzte Brücke vor der Ausfahrt bei Münchsmünster ist bewältigt und weiter geht es im Endspurt

Um die Steigung besser bewältigen zu können, bleibt die Schubmaschine rückwärts angekuppelt

Die Kesselbrücke wird angehoben und der Selbstfahrer nach hinten weggefahren

Die Ausfahrt steigt weiter an, die beiden Zugmaschinen bekommen das Gesamtgewicht von 714,5 t aber noch bewegt

Von der Ausfahrt auf die Landstraße wird es nochmals eng. In der Höhe reicht es nur ganz knapp über die Schutzplanke

In so einer Situation geht es um jeden Zentimeter

Nachdem alle Verkehrszeichen in der Innenkurve entfernt sind, kann im großen Bogen abgebogen werden

Unmittelbar nach der Abbiegung folgt eine Eisenbahnbrücke. Deshalb muss der Selbstfahrer wieder „eingeparkt" werden

Wieder wird die Last punktgenau und mit Gefühl auf dem SPMT positioniert

Nachdem in dieser Kreuzung alle Verkehrszeichen entfernt und die Verkehrsinseln überbaut wurden, kann mit dem Rangieren begonnen werden. Dazu muss bis auf den gegenüberliegenden Gehweg ausgeholt werden. Ein Stück weiter ist das Etappenziel des zweiten Tages erreicht. Morgen geht es noch über die letzten Kilometer bis zum Ziel, das genau nach Zeitplan erreicht wird

Weitere Bücher unseres Verlages

Fordern Sie unser Gesamtverzeichnis an mit Büchern über **Autos**, **Motorräder**, **Lastwagen**, **Traktoren**, **Feuerwehrfahrzeuge**, **Baumaschinen** und **Lokomotiven**:

Verlag Podszun Motorbücher GmbH
Elisabethstraße 23-25, 59929 Brilon
Telefon 02961-53213, Fax 02961-9639900
Email info@podszun-verlag.de
www.podszun-verlag.de

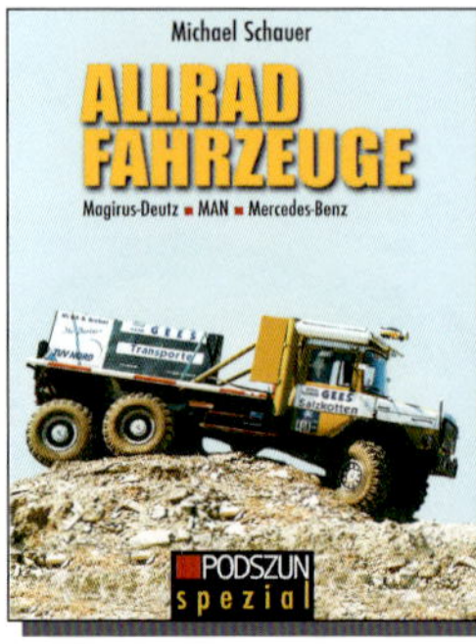

Allradfahrzeuge von Magirus-Deutz, MAN und Mercedes-Benz, die man nicht alle Tage sieht.

144 Seiten, 310 Abbildungen
24 x 17 cm, Leinenbroschur
Bestellnummer **564** EUR **14,90**

Spektakuläre Transporte dieser legendären Schwerlastspediton aus Bonn.

144 Seiten, 290 Abbildungen
24 x 17 cm, fester Einband
Bestellnummer **581** EUR **14,90**

Erste umfassende Darstellung der Fahrzeuge und der Unternehmen.

288 Seiten, 595 Abbildungen
28 x 21 cm, fester Einband
Bestellnummer **537** EUR **39,90**

Dokumentation der Geschichte und der Fahrzeuge und Krane des legendären Unternehmens.

170 Seiten, 450 Abbildungen
28 x 21 cm, fester Einband
Bestellnummer **534** EUR **29,90**

Zeitgenössische Bilder aller Modellreihen von Pkw, Lkw und Omnibussen.

128 Seiten, 360 Abbildungen
28 x 21 cm, fester Einband
Bestellnummer **514** EUR **19,90**

Umfassende Chronik des traditionsreichen Unternehmens mit allen Fahrzeugen.

180 Seiten, 520 Abbildungen
28 x 22 cm, fester Einband
Bestellnummer **493** EUR **29,90**

Erstklassige Fotografien zeigen Autokrane aus 100 Jahren Gottwald-Geschichte.

160 Seiten, 580 Abbildungen
28 x 21 cm, fester Einband
Bestellnummer **474** EUR **29,90**

Komplette Dokumentation aller vierachsigen MAN TGA mit faszinierenden Einsatzfotos.

144 Seiten, 370 Abbildungen
28 x 21 cm, fester Einband
Bestellnummer **472** EUR **24,90**

Dokumentation der Auto- und Raupenkrane von Liebherr in vielen spektakulären Einsätzen.

170 Seiten, 420 Abbildungen
28 x 21 cm, fester Einband
Bestellnummer **495** EUR **29,90**

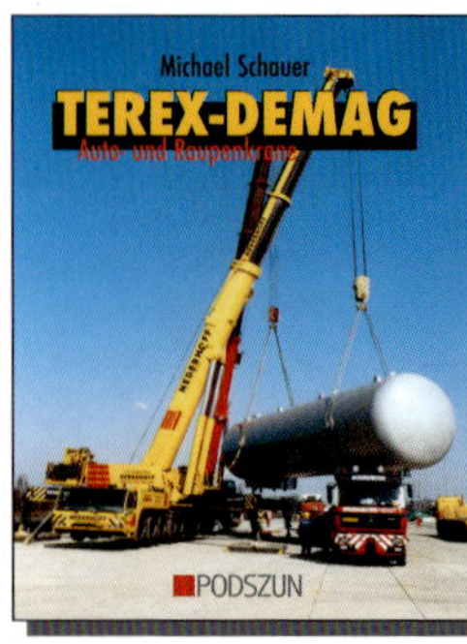

Die Teleskop- und Gittermastkrane von Terex-Demag mit ihren enormen Hubleistungen.

144 Seiten, 410 Abbildungen
28 x 21 cm, fester Einband
Bestellnummer **513** EUR **24,90**

Saarbrücker Karosseriefabrik, Fahrzeugbau Link, Gustav Bölling, Adam Reiss, MAN u.a.

144 Seiten, 290 Abbildungen
17 x 24 cm, Leinenbroschur
Bestellnummer **526** EUR **14,90**

Schmitz-Anhänger, Kohlen-Kuli, Fahrzeugbau Ewers, Spedition Keiper, Over u.a.

144 Seiten, 325 Abbildungen
17 x 24 cm, Leinenbroschur
Bestellnummer **570** EUR **14,90**

Goldenberg, Transporte in Spanien und England, Tractomas D 100, Kenworth u.a.

144 Seiten, 285 Abbildungen
17 x 24 cm, Leinenbroschur
Bestellnummer **505** EUR **14,90**

DB Schwertransporte, Scammell 100-Tonner 1929, Telekrane, MAN TGA u.a.

144 Seiten, 295 Abbildungen
17 x 24 cm, Leinenbroschur
Bestellnummer **530** EUR **14,90**

Die besten Bilder der spannendsten Transporte aus dem Archiv von Thorge Clever.

128 Seiten, 380 Abbildungen
28 x 21 cm, fester Einband
Bestellnummer **476** EUR **24,90**

Schwere Zugmaschinen mit riesiger Ladung in Deutschland und anderen Ländern.

128 Seiten, 360 Abbildungen
28 x 21 cm, fester Einband
Bestellnummer **539** EUR **24,90**

Zahlreiche Bilder und technische Zeichnungen dokumentieren 100 Jahre Turmdrehkrane.

170 Seiten, 510 Abbildungen
28 x 21 cm, fester Einband
Bestellnummer **560** EUR **29,90**

Vom ersten Handkarren bis zu den hochmodernenTankfahrzeugen von heute.

144 Seiten, 325 Abbildungen
28 x 21 cm, fester Einband
Bestellnummer **562** EUR **24,90**

Die Leistungsfähigkeit und spannende Technik bedeutender Schweizer Schwerlastspeditionen.

144 Seiten, 320 Abbildungen
28 x 21 cm, fester Einband
Bestellnummer **555** EUR **24,90**

Firmengeschichte, Bagger, Raupen, Lader und Lkw von Büssing, Henschel, MAN u.a.

160 Seiten, 480 Abbildungen
28 x 21 cm, fester Einband
Bestellnummer **497** EUR **29,90**

Umfassende Firmenchronik, technische Highlights, spannende Einsätze.

160 Seiten, 505 Abbildungen
28 x 21 cm, fester Einband
Bestellnummer **480** EUR **29,90**

Die atemberaubende Technik und Geschichte von Scheuerle, Nicolas und Kamag.

180 Seiten, 645 Abbildungen
28 x 21 cm, fester Einband
Bestellnummer **557** EUR **29,90**

WAECO
BAUMANN
L
SU PT 117
BAUMANN